中国地质调查局"南岭成矿带中西段地质矿产调查"和"南岭成矿带大义山–骑田岭锡矿地质调查"及"中南地区铀矿调查选区及含煤岩系放射性地质环境调查"资助

中南地区成矿带科普系列丛书

南岭成矿带

付建明　卢友月　秦拯纬
马丽艳　陈希清　程顺波　编著
王晓地　于玉帅　崔　森

中国地质大学出版社
ZHONGGUO DIZHI DAXUE CHUBANSHE

图书在版编目(CIP)数据

南岭成矿带／付建明等编著. —武汉：中国地质大学出版社, 2019.2
(中南地区成矿带科普系列丛书)
ISBN 978-7-5625-4497-5

Ⅰ.①南⋯
Ⅱ.①付⋯
Ⅲ.①南岭-成矿带-成矿地质-研究
Ⅳ.①P617.265

中国版本图书馆CIP数据核字(2019)第040120号

南岭成矿带	付建明 等编著

责任编辑：王凤林　王　敏	策划编辑：王凤林	责任校对：周　旭

出版发行：中国地质大学出版社(武汉市洪山区鲁磨路388号)　邮编：430074
电话：(027)67883511　　传真：(027)67883580　　E-mail:cbb@cug.edu.cn
经销：全国新华书店　　　　　　　　　　　　　　　http://cugp.cug.edu.cn

开本：880毫米×1230毫米　1/32	字数：87千字	印张：3
版次：2019年2月第1版	印次：2019年2月第1次印刷	
印刷：湖北睿智印务有限公司	印数：1—500册	
ISBN 978-7-5625-4497-5		定价：48.00元

如有印装质量问题请与印刷厂联系调换

什么是成矿带

Shenme Shi
Chengkuangdai

成矿带的内涵

地壳中的矿产在时间上和空间上的分布都是不均匀的,有些地区稀少,有些地区密集。成矿带指的是地壳中矿床集中产出的地带,它们在地质构造、地质发展历史和成矿作用上具有共性。我们一般将呈狭长带状的矿区称为成矿带,长宽接近、呈面状的矿区称为成矿区。成矿带的面积大小不等,像洲际间的成矿带,面积一般为数百万平方千米。

成矿带一般有什么特征

成矿带的形成是区域地质构造运动演化的结果,受大地构造背景、岩石建造类型和区域地球化学特征等综合因素控制。因为这些特定的地质条件和一些其他因素,一个成矿带形成后,常以某几种矿产或某些类型矿床为主。例如,中国南岭成矿带中,钨、锡、锂、铍、稀土金属矿床比较集中,而长江中下游成矿带中铜、铁、硫等矿床密集,并且,在一个成矿区域内,矿床形成时代也有一定的规律。例如,在全球的矿产中,有 2/3 的铁矿、3/4 的金矿均产于前寒武纪,煤矿主要产于石炭纪—奥陶纪和侏罗纪,石油及盐主要产于中、新生代。研究成矿带的规律和特征,能够给找矿勘查提供参考依据。

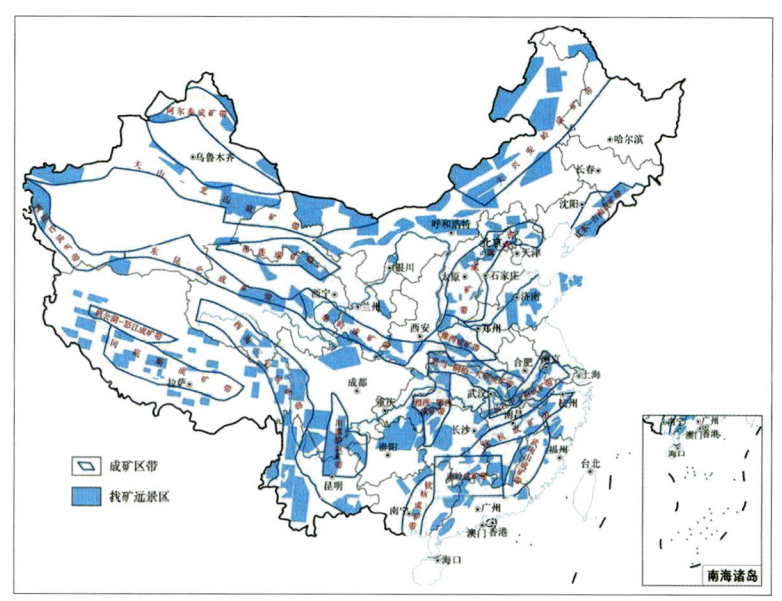

▲ 全国重点成矿区带及找矿远景区分布示意图(据国土资源部中国矿产资源报告,2013)

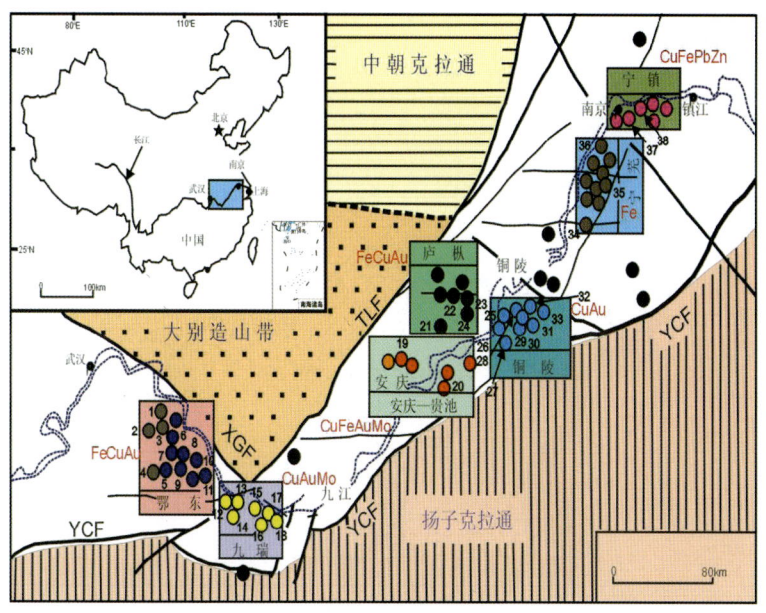

▲ 长江中下游多金属成矿带矿集区分布示意图(据 Pan & Dong, 1999)

成矿区域如何划分

成矿区域的范围大小不一,往往可以划分出不同的级别。目前,人们一般按空间规模,把成矿区域划分为全球性成矿区域、成矿区(带)、矿带和矿田4个级别。我国在描述全国的成矿区时,一般将成矿区域分为3个级别:域、省、区(带),即成矿域[与Ⅰ级区(带)对应]、成矿省[与Ⅱ级区(带)对应]、成矿区[与Ⅲ级区(带)对应],称为三分法。而在描述省(市、自治区)成矿区时,又在全国划定的Ⅲ级区(带)范围内再细分Ⅵ级、Ⅴ级两级,即成矿域、成矿省、成矿区(带)、成矿亚区(带,与Ⅵ级对应)、矿田(与Ⅴ级对应),称为五分法。

全球性成矿域属洲际性的成矿单元,它们包括巨大的板块边界、巨型褶皱带或造山带和贯通性深大断裂,面积一般达数百万平方千米。全球范围内划分出4个重要的成矿域,

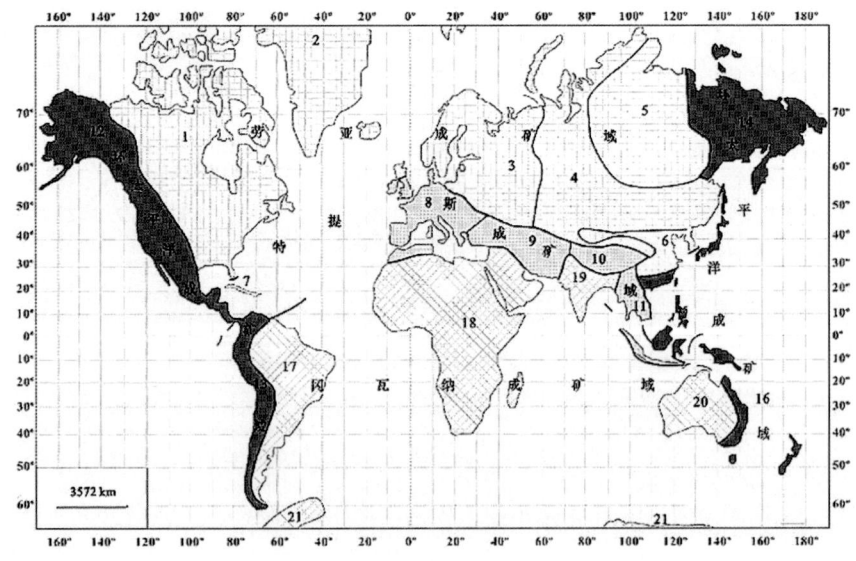

▲ 全球性成矿域划分

分别为劳亚成矿域、冈瓦纳成矿域、环太平洋成矿域和特提斯成矿域。

其中,劳亚成矿域展布于地球北部,横跨北美洲、欧洲和亚洲三大洲,是世界最大的成矿域。

冈瓦纳成矿域展布于地球南部,横跨南美洲、非洲、大洋洲和亚洲四大洲,是世界第二大成矿域。

特提斯成矿域横亘于地球中部,包括地中海沿岸及亚洲西南部和南部,地跨北美洲、欧洲、非洲、亚洲四大洲,连接劳亚、冈瓦纳两大成矿域,构成地球的"腰带",是世界最小的成矿域。该成矿域从西班牙、意大利起,经巴尔干半岛、小亚细亚半岛进入南高加索、伊朗、巴基斯坦,进入我国西藏、川西及云南,再延至马来半岛,并在帝汶岛与环太平洋成矿域相接,延长约16 000km。

环太平洋成矿域环绕太平洋周缘展布,地跨亚洲、大洋洲、北美洲和南美洲四大洲,自南美洲南端起,沿南、北美洲西缘经安第斯、科迪勒拉等山系,经阿拉斯加,进入俄罗斯亚洲部分的东北地区,过日本群岛、我国台湾省及东南沿海、菲律宾、巴布亚新几内亚至新西兰一带,延长达40 000多千米。

值得注意的是,这些成矿域均跨入我国部分省区,对我国东部和西南部预测找矿有着重要意义。

成矿区(带)泛指大区域的成矿单元,有学者根据我国东部与西部地质背景、矿种组合与

▲劳亚成矿域

▲冈瓦纳成矿域

成矿作用的明显差别,将我国分为东部成矿区和西部成矿区。其中,东部成矿区通常被视为环太平洋成矿域的一部分。东、西部成矿区又可以划分出多个不同的成矿区(带)。全国统一分出5个成矿域、16个成矿省、90个Ⅲ级成矿区(带)。

成矿带是最常见的区域性成矿单元,如长江中下游铁铜成矿带、雅鲁藏布江铬成矿带、秦岭铜铅锌多金属成矿带等。成矿带之内还能划分出若干个成矿亚带,如长江中下游铁铜成矿带中的鄂东南铁铜亚带。

矿田指在统一的地质作用下、空间相邻的一组矿床分布区域。其分布面积一般几十到一两百平方千米,如长江中下游铁铜矿带中的狮子山铜(金)矿田。

▲环太平洋成矿域

▲特提斯成矿域

中南地区地质矿产概况

中南地区北据长江,南临南中国海,处于长江经济带、长江中游城市群、海上丝绸之路、粤港澳大湾区、环北部湾经济区和海南自贸区自贸港等国家发展战略区。中南地区主要划分为扬子、华夏两大陆块以及秦岭-大别造山带、钦杭结合带4个大地构造单元,是研究亚洲大陆东部增生、冈瓦纳大陆、罗迪尼亚超大陆聚合-裂解的重要窗口,有30多亿年的华南古老陆核记录。完整经典的地层剖面使得6枚国际金钉子落户于中南地区，也是研究大规模岩浆活动与成矿作用的典型地区，是我国南方有色、黑色、稀有金属，贵金属，页岩油气的重要能源资源基地，主要有6个国家级成矿带(区)。

1. 武当-桐柏-大别成矿带

该成矿带跨鄂、豫、皖三省，展布于扬子陆块北缘，南、北、东界分别为襄阳-广济、确山-合肥、郯-庐断裂。区内岩石变质程度高，构造发育，演化具有多阶段复杂叠加的特点，岩浆活动普遍而强烈。矿产资源丰富，已发现金属和非金属矿等40余种，大、中、小型矿床(点)500余处，其中超大型金属矿床3处。优势矿种是钼、金、银、铜、铅、锌、铁、稀土、金红石等金属和磷、盐、碱、重晶石、累托石、膨润土、石材等一大批非金属矿，钼矿为最优势矿种，是我国最重要的钼矿带。

2. 长江中下游成矿带

该成矿带位于长江中下游地区，中南地区仅涉及到湖北省境内，该地区是我国富铁矿、富铜矿的重要产区，金、钨、钼、铅锌等也是优势矿种。

长江中下游地区是我国古代矿冶文明的发祥地之一，早在两千多年前的青铜文化时期，大冶铜绿山地区的铜矿资源就已被开采利用。该地区铁矿床以矽卡岩型、玢岩型为主，部分矿床具有矿浆成因的特征，代表性矿床有大冶铁矿、凹山铁矿、泥河铁矿。铜矿床以矽卡岩型、斑岩-矽卡岩复合型、斑岩型为主，代表性矿床有铜官山铜矿、城门山铜矿、沙溪铜矿。区内铁铜多金属矿床的形成一般与晚中生代大规模岩浆活动关系密切。

3. 湘西-鄂西成矿带

该成矿带主体位于扬子陆块及其东南缘，主体以地层发育为特色，新元古代至中三叠世地层大部分属稳定型碎屑岩、碳酸盐岩建造。侏罗纪至新生代主体为陆相沉积，浅表层次构造复杂，岩浆活动微弱。区内矿产丰富，类型齐全，包括铅锌矿、金矿、(银)钒矿、铜矿、锰矿、铁矿、汞矿、锑矿、镍钼(铂钯)多金属矿以及非金属矿产重晶石(毒重石)矿、磷矿、煤矿、石墨矿、石膏矿、雄黄矿等。铅锌矿是成矿带的主要特色，锰矿也是重要矿种。成矿带北部是我国三大磷矿产地之一，也是著名重晶石-

毒重石成矿带；中部湘－黔－渝交界地区是我国著名的汞矿、铅锌矿、锰矿和重晶石矿集中分布区，也是我国三大磷矿基地之一。南部雪峰山及周缘地区是世界金矿、锑矿集中分布区。

4. 南岭成矿带

该成矿带横跨黔东南、湘中南、赣南、桂北、粤北等地，空间分布跨越了扬子陆块与华夏陆块，是世界上研究燕山期大陆成矿体系和花岗岩成岩成矿理论最典型的地区之一，也是我国有色、黑色（锰）、稀有、稀土、放射性矿产分布的重要地区，是世界钨矿床和原生锡矿床分布最密集的地区之一，拥有世界上主要钨、锡矿类型。南岭地区优势矿种为锡、铋、钨、钼、稀有、稀土，重要矿种为铅、锌、银、锑、锰，一般矿种为汞、金、铜，具有一定潜力的矿种为金刚石及特殊非金属等。

5. 桂东－粤西成矿带

该成矿带位于钦杭结合带的西南段，地理上包括广东的西部、广西的东部和海南岛。钦杭结合带是指扬子与华夏陆块碰撞拼贴带及其南北两侧范围，在其发展过程中蕴育了丰富的矿产资源。其中，桂东—粤西地区优势矿产主要有铁、金、铅锌、铜钼矿等，包括资源量亚洲第一（世界第二）的云浮超大型硫铁矿，国内最大的富铁矿床石碌铁矿，以及佛子冲铅锌多金属矿、抱伦金矿、河台金矿、圆珠顶铜钼矿、石碌铜钼矿等一大批享誉国内外的大型、超大型矿床。这些矿床在分布上明显受深大断裂和古生代盆地控制。

6. 右江成矿区

该成矿带是区域上南盘江－右江成矿区的一部分，右江成矿区是我国金矿的重要产区之一，亦称之为滇黔桂"金三角"，矿床类型以微细粒浸染型（卡林型）金矿最为重要，次有矽卡岩型和砂金。另外，锰矿成矿地质条件良好，矿产资源丰富，在全国占有重要地位，矿床类型有沉积型、风化淋滤型、堆积型锰矿，其中大新下雷锰矿是我国超亿吨的大型锰矿区之一。铝土矿主要分布在右江断裂带西南盘，发育地段主要在碳酸盐岩构成的岩溶洼（坡）地中，分原生沉积和堆积两种类型。沉积型产于台地相上二叠统合山组底部，堆积型则与第四系岩溶发育关系密切。

目 录

1 南岭成矿带的基本知识 ········· 1
   一、南岭成矿带的地理位置 ········· 2
   二、得天独厚的自然条件 ··········· 3
   三、富饶的自然资源 ··············· 5
   四、独具特色的风土人情 ·········· 16
   五、令人流连忘返的自然风光 ······ 22

2 南岭成矿带的优势矿产 ········ 26
   一、钨矿储量丰富 ················ 27
   二、锡矿为优势矿种 ·············· 31
   三、铅锌矿也是优势矿种 ········· 33
   四、稀土矿的重要产地 ············ 36
   五、铀矿资源丰富 ················ 39

3 南岭成矿带的地质与矿业遗迹 ·················· 41
一、国家地质公园 ······························ 42
二、国家矿山公园 ······························ 48

4 南岭成矿带典型矿床发现史 ····················· 55
一、湖南柿竹园钨锡钼铋多金属矿床 ············· 56
二、广东凡口铅锌矿床 ························· 62
三、湖南宝山铜铅锌多金属矿床 ················· 68
四、江西西华山钨矿床 ························· 73
五、广西珊瑚钨锡矿床 ························· 78

主要参考文献 ·································· 83

1 南岭成矿带的基本知识

Nanling Chengkuangdai De Jiben Zhishi

一、南岭成矿带的地理位置

南岭位于华南地区中南部,是中国南部最大的山脉和重要自然地理界线,由越城岭、都庞岭、萌渚岭、骑田岭和大庾岭5条主要山岭组成,故又称五岭,主体岩石为花岗岩。广义的南岭还包括猫儿山、海洋山、九嶷山、香花岭、瑶山、九连山等。其大体呈东西向展布的花岗岩群及其紧邻的沉积盆地构成了该区独特的构造格局。区内钨、锡、铌、钽等稀有和有色金属矿产及铀矿资源十分丰富,常常又称为"南岭成矿带"。有关"南岭成矿带"的范围,不同学者(李四光,1942;莫柱孙等,1980;陈毓川等,1989;地矿部南岭项目花岗岩专题组,1989;王登红等,2010)的观点不同,本

▼南岭成矿带五岭、国家地质公园、国家矿山公园分布图
(付建明等,2011)

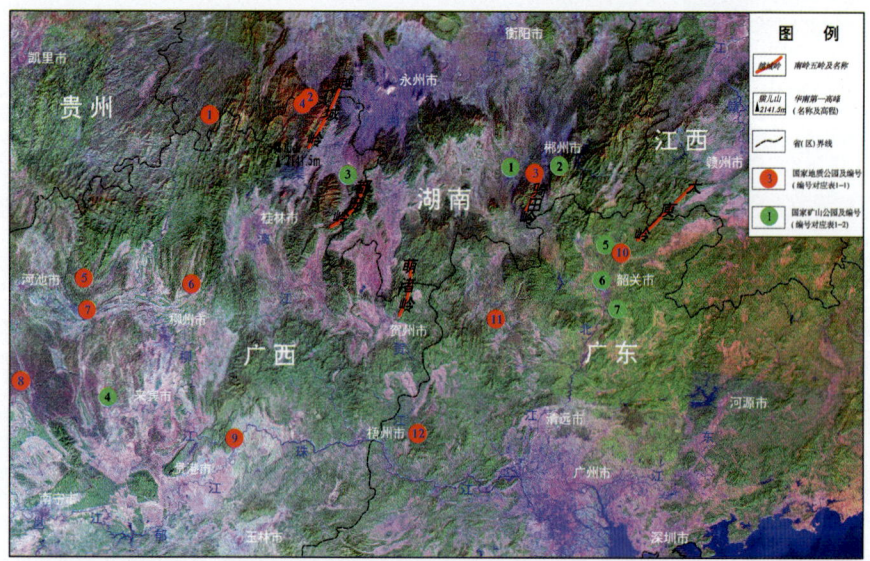

书采用 2015 年中国地质调查局给出的主要拐点坐标（E116.00°，N26.5°；E114.61°，N23.83°；E109.15°，N22.89°；E108.08°，N24.62°；E110.09°，N26.56°）范围，主要涉及湖南、江西、广西和广东四省（区）的 20 个地区（市）、124 个行政区县。面积约 $23\times10^4 km^2$。

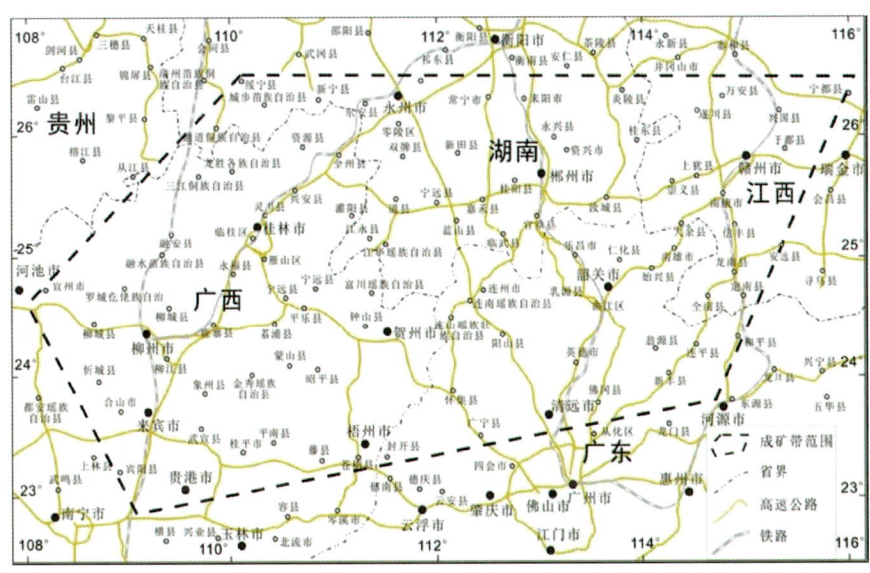

▲ 南岭成矿带行政区划图

二、得天独厚的自然条件

区内水、陆交通发达，京广、京九、焦柳、洛湛、湘桂、贵广等铁路及京珠、大广、二广、包茂、泉南、厦蓉等高速，107、207 等国道纵横全区，构成本区以铁路干线为主的陆地交通网络；水上有北达长江航道、南抵大海的水运能力。便利的交通对本区经济发展及地质调查工作极其有利。

区内地势总体为中低山区，间有少量河谷盆地、冲积平原及坡地丘陵。中部为横贯东西的南岭山脉，是华南地理分区的天然屏障，形成南、北两区，并在气候、人文、地理、经济等方面表现出明显的差异。东部与西部山脉走向北东。其中东部为武夷山与罗霄山，西部为云贵高原东南缘的雪峰山、九万大山、越城岭。山区地形陡峻，切割强烈，最高海拔标高2141.5m（华南第一高峰越城岭主峰猫儿山），最低500m，最大高差达1500m以上。盆地、丘陵区海拔标高一般在200～500m之间。

区内水系发育，主要河流有湘江、赣江、沅水、资江与珠江。湘江、赣江、珠江源于南岭，沅水与资江源于雪峰山脉，以横贯东西的南岭山脉为分水岭，形成南、北两个主要水系。北区主要河流为湘江、资江、沅水、赣江，洞庭湖与鄱阳湖接纳四水、吞吐长江，形成向心水系，是国内的严重水患地区之一；南区河流主要是通达大海的珠江水系（支流主要有西江、东江、北江及珠江三角洲扇形河流）。

本区属亚热带湿润型气候，1月平均气温4～8℃，7月27～30℃，山区气温略低。全年无霜期260～300天，年均降水量1250～1750mm。

◀华南之巅
——猫儿山

三、富饶的自然资源

南岭山地温暖湿润的气候、充足的光照、丰沛的降水、沟壑纵横的地形为各种动植物的繁衍生息提供了理想环境。

区内树种多样,森林覆盖面积大。南岭的地带性植被是亚热带常绿阔叶林,多分布在海拔 800m 以下。主要树种是樟树,其次是红椎、白椎、米椎、红缘、白缘等。海拔 800m 以上有香桦、漆树、红果槭、香枫、山毛榉、鹅耳枥等,构成山地常绿林。海拔 1300m 以上有广东松、福建柏、铁杉、三尖杉和罗汉松等。在 1600~2100m 的山顶,植被多为矮林,以石柯、南烛、杜鹃、山柳、雪竹等为主,局部有草甸分布。人工栽培林木以杉木和马尾松为主,是中国南方用材林建设基地之一。

为了合理开发和保护森林资源,截至 2017 年底,南岭成矿带已建成国家级森林公园 51 处,总面积达 651 069.35hm²,占成矿带面积的 2.83%。这些公园为人们提供了游览、休息和进行科学、文化、教育活动的好场所。

南岭地区的经济作物主要有油菜、茶叶、毛竹、油茶、烟叶、甘蔗、花生、罗汉

▲国家级森林公园徽标

果及柑橘、荔枝、柿子、葡萄等。

油菜是我国重要的油料作物,在整个南岭地区广泛种植,是本区最常见的经济作物之一。广西桂林阳朔和融安县大良镇和南村万亩油菜基地,以及广东英德市沙口镇 6000 亩(1 亩=666.67m²)油菜基地在南岭地区较为有名。油菜一般在秋季播种育苗,次年 5 月成熟收获。每到 3 月,油菜开花,绽放出金黄色的光芒,成为一道亮丽的风景线,美不胜收,这些

南岭成矿带国家森林公园

序号	省(区)	公园名称	建园时间	面积(hm²)	行政区域位置
1	江西	江西三百山国家森林公园	1993-05	3330	安远县
2		江西翠微峰国家森林公园	1994-12	7866.67	宁都县
3		江西梅关国家森林公园	2001-11	5300	大余县
4		江西阳明山国家森林公园	2003-12	6889.8	崇义县
5		江西五指峰国家森林公园	2003-12	24 533	上犹县
6		江西陡水湖国家森林公园	2004-12	22 666.67	上犹县、崇义县
7		江西万安国家森林公园	2004-12	17 160.44	万安县
8		江西九连山国家森林公园	2005-12	20 063	龙南县
9		江西峰山国家森林公园	2006-12	20 635.2	赣州市
10		江西金盆山国家森林公园	2014-02	5981.85	信丰县
11		江西罗霄山大峡谷国家森林公园	2017-12	2936.05	遂川县
12	湖南	湖南神农谷国家森林公园	1992-07	10 000	炎陵县
13		湖南莽山国家森林公园	1992-07	19 833.33	宜章县
14		湖南九嶷山国家森林公园	1992-07	8454.63	宁远县
15		湖南阳明山国家森林公园	1992-07	11 733.33	双牌县
16		湖南天鹅山国家森林公园	1992-07	6326.4	资兴市
17		湖南舜皇山国家森林公园	1992-09	14 548	东安县
18		湖南金洞国家森林公园	2005-12	2500	永州市
19		湖南千家峒国家森林公园	2006-12	4430.93	江永县
20		湖南两江峡谷国家森林公园	2008-01	6336.02	城步县
21		湖南湘江源国家森林公园	2008-12	7046.7	蓝山县
22		湖南月岩国家森林公园	2008-12	3936.7	道县

续表

序号	省(区)	公园名称	建园时间	面积(hm²)	行政区域位置
23	湖南	湖南天堂山国家森林公园	2009-12	5933.4	常宁市
24		湖南九龙江国家森林公园	2009-12	8436.3	汝城县
25		湖南西瑶绿谷国家森林公园	2010-12	12 441	临武县
26		湖南福音山国家森林公园	2012-01	6829.7	新田县
27		湖南永兴丹霞国家森林公园	2015-01	9006.15	永兴县
28		湖南齐云峰国家森林公园	2015-01	12 078	桂东县
29		湖南嘉禾国家森林公园	2015-12	4922.89	嘉禾县
30		湖南太白峰国家森林公园	2017-12	4393	祁阳县
31	广东	广东小坑国家森林公园	1992-09	16 700	韶关市
32		广东南岭国家森林公园	1993-03	27 333.33	乳源县、阳山县
33		广东圭峰山国家森林公园	1997-12	3550	江门市
34		广东英德国家森林公园	2000-12	107 000	英德市
35		广东广宁竹海国家森林公园	2004-12	8500	广宁县
36		广东天井山国家森林公园	2008-12	5564.1	乳源县
37	广西	广西桂林国家森林公园	1992-07	575.67	桂林市
38		广西三门江国家森林公园	1993-05	12 475.6	柳州市
39		广西龙潭国家森林公园	1993-05	7800	桂平市
40		广西大桂山国家森林公园	1994-12	3000	贺州市
41		广西元宝山国家森林公园	1994-12	25 000	融水县
42		广西八角寨国家森林公园	1996-08	84 000	资源县
43		广西龙胜温泉国家森林公园	1996-08	1803.4	龙胜县
44		广西姑婆山国家森林公园	1996-08	8000	贺州市

续表

序号	省(区)	公园名称	建园时间	面积(hm²)	行政区域位置
45	广西	广西大瑶山国家森林公园	1997-12	11 124	金秀县
46		广西飞龙湖国家森林公园	2003-12	12 097.56	苍梧县
47		广西太平狮山国家森林公园	2003-12	5550.23	藤县
48		广西平天山国家森林公园	2005-12	1676.2	贵港市
49		广西红茶沟国家森林公园	2005-12	1896.4	融安县
50		广西阳朔国家森林公园	2005-12	4355.9	阳朔县
51		广西狮子山国家森林公园	2017-12	6517.8	平乐县

地方也是人们观光旅游的好去处。

南岭地区季节均匀,四季分明,气温适宜,降水充足,对茶树生长发育,以及制茶品质都较有利。南岭茶园大多处于丘陵低山地区,土层较薄,是我国目前茶叶生产最集中的茶区之一。

▼广西桂林阳朔油菜花开

整个南岭地区均有茶树分布，茶叶的种类主要有绿茶、红茶、青茶、花茶等，也生产砖茶。广东英德红茶、绿茶，广西桂林毛尖、银毫、桂花茶，资源云雾茶、桂平西山茶，湖南郴州碧云和五盖山米茶、江华毛尖，江西井冈山的井冈翠绿、遂川狗牯脑茶、上犹梅岭剑绿等比较有名。其中产自广东省英德市的英德红茶是中国国家地理标志产品，与云南滇红、安徽祁红并称中国三大红茶。

毛竹是南岭地区常见的经济作物之一，广泛分布于400～800m的丘陵、低山山麓地带，特别是在湘南、赣南山区最为常见，主要用于建筑、餐具、造纸、编织工艺品、笋、嫩竹加工制成美味食品等。湖南郴州素有"竹木之乡"和"有色金属之乡"的美誉。湖南耒阳市黄市镇和大义乡境内蔡伦竹海，面积广阔，连片竹林面积达16万亩，是我国连片

▲ 广东省英德市的英德红茶

面积最大的竹海，有着"亚洲大竹海""天然大氧吧"之称。

油茶树是我国南方主要的经济林木，与油棕、油橄榄和椰子共称世界四大木本食用油料树种。茶油也是我国政府提倡推广的纯天然木本食用植物油，以及国际粮农组织首推的卫生保健食用植物油。全球油茶籽油产量的90%以上来自中国。油茶树在南岭地区广西、广东、湖南、江西中高山及丘陵地带广泛分布，是广大山区人民的重要经济作物之一。油茶树浑身是宝，种子可榨油（茶油）供食用，也可作为润滑油、防锈油用于工业；茶饼既是农药，又是肥料，可提高农田蓄水能力和防治稻田害虫；果皮是提制栲胶的原料。油茶以种子、插条或嫁接繁殖。为保持亲本的优良性状，多采用插条或嫁接育苗，然后进行栽植

▲ 蔡伦竹海

▼ 油茶树

造林,最适造林季节是立春到惊蛰,直播造林以冬季最好。一般来说,一颗山油茶树3～5年就可以开花结果,10年左右进入盛果期,寿命达几十年至数百年。油茶的个体发育划分为童年、成年(生长结果期树龄在6～10年、盛果期在10～120年)、衰老3个阶段,可以说一次栽种受益百年。江西遂川、龙南,广西昭平、苍梧,湖南常宁、耒阳,广东连南、封开等地油茶树种植面积大,油茶质量好。湖南常宁还有"中

国油茶之乡""中国油都"的美誉。

南岭地区处于我国三大柑橘带中的赣南-湘南-桂北柑橘带,包括江西赣州,湖南郴州、永州和广西桂林、贺州等地。栽培品种主要有宽皮柑橘、橙、柚、杂柑等。本区气候温和,光照充足,雨量充沛,年均气温18℃左右,基本上没有大冻,特别有利于柑橘的生长。柑橘一般在春季2月下旬至3月中旬春梢萌动前栽植,成熟期较为集中,主要在10~12月。南岭地区主要柑橘品种有砂糖橘、马水橘、蕉苷、春甜橘、年橘、红江橙、沙田柚、温州蜜柑、脐橙、南风蜜橘、朱红橘、金柑、红橘桠柑、冰糖橙、大红甜橙、柚、暗柳橙、夏橙等。有名的柑橘如广东始兴温州蜜柑和封开"十月红"柑橘(砂糖橘)、广西融安金柑和灵川南丰蜜橘等。

荔枝是著名的岭南佳果,属亚热带珍贵水果,是岭南四大名果之一。果肉富含糖分,还含有蛋白质、脂肪、磷、铁和维生素等。南岭地区盛产荔枝,主要分布于广东从化及广西桂平、玉林、苍梧、平南等地,品种有三月红、状元红、玉荷包、妃子笑、黑叶、桂味、挂绿、糯米技、淮技、尚书怀、丁香、大糙、水荔等,其中以广东从化挂绿、妃子笑和广西桂平状元红最为有名。6~7月是荔枝的主要成熟季节。

同时,南岭地区独特的气候环境繁衍了种类繁多的野生动物。属于国家一级保护的兽类有熊猴、云豹、豹、华南虎、黑鹿、梅花鹿;属于国家二级保护的兽类有猕猴、藏酋猴、穿山甲、豺、黑熊、青鼬、水獭、小爪水獭、斑林狸、大灵猫、小灵猫、金猫、林麝、河麂、水鹿、苏门羚、斑羚等。其中华南虎、斑羚狸、豹、梅花鹿等已处于濒临灭绝的边缘,仅在一些动物园能见到。属于国家一级保护的鸟类有黄腹角雉、白颈长

▼广东从化荔枝

尾雉；属于国家二级保护的鸟类有黄嘴白鹭、鸳鸯、凤头鹃隼、鸢、褐耳鹰、赤腹鹰、凤头鹰、松雀鹰、普通鵟、鹰雕、灰脸鵟鹰、白腹山雕、蛇雕、小隼、游隼、燕隼、红隼、白鹇、勺鸡、绿皇鸠、斑尾鹃鸠、褐翅鸦鹃、小鸦鹃、草鸮、粟鸮、领角鸮、雕鸮、领鸺鹠、斑头鸺鹠、鹰鸮、褐林鸮、灰林鸮、短耳鸮等。两栖爬行类有大头龟、金钱龟、大壁虎(即蛤蚧)、大鲵、蟾蜍、泥蛙及莽山烙铁头蛇等。其中,莽山烙铁头蛇被列为"国际上一级优先保护的濒危物种",有"蛇中熊猫"之称。

为了保护各类自然资源,国家、省、县建立了一大批不同类型的自然保护区。截至2017年底,南岭成矿带有国家级自然保护区26处,主要涉及森林生态、地质遗迹、野生动物、野生植物四类,总面积达455 474.1hm²,占成矿带面积的1.98%。同时,根据《国务院办公厅关于转发国土资源部等部门找矿突破战略行动纲要

▲华南虎

▼熊猴

(2011—2020年)的通知》的要求,矿产资源勘查活动涉及自然保护区、重点国有林

▲白颈长尾雉

▲莽山烙铁头蛇

国家级自然保护区徽标 ▶

区和西部省(区、市)直管国有林区的,禁止社会资金进行商业性勘查,且地质勘查区要避开自然保护区的核心区和缓冲区。目前,南岭成矿带中的各种地质调查、勘查工作已全部退出了自然保护区。

南岭成矿带国家级自然保护区

序号	省(区)	保护区名称	行政区域	面积(hm²)	主要保护对象	类型	始建时间(年)	主管部门
1	江西	齐云山	崇义县	17 105	亚热带常绿阔叶林	森林生态	1997	林业
2		九连山	龙南县	13 411.6	亚热带常绿阔叶林	森林生态	1981	林业
3		炎陵桃源洞	炎陵县	23 786	银杉群落及森林生态系统	森林生态	1982	林业
4		黄桑	绥宁县	12 590	森林生态系统及红豆、伯乐树、铁杉	森林生态	1982	林业
5		湖南舜皇山	新宁县	21 719.8	亚热带常绿阔叶林及银杉、资源冷杉等动植物	森林生态	1982	林业
6		金童山	城步苗族自治县	18 466	中亚热带常绿阔叶林森林生态系统及资源冷杉等动植物	森林生态	1981	林业
7	湖南	莽山	宜章县	19 833	南亚热带常绿阔叶林及珍稀动植物	森林生态	1982	林业
8		八面山	桂东县	10 974	森林及银杉、水鹿、黄腹角雉等珍稀动植物	森林生态	1982	林业
9		东安舜皇山	东安县	13 139.9	亚热带常绿阔叶林及资源冷杉、伯乐树等	森林生态	1984	林业
10		阳明山	双牌县	12 795	森林及黄衫、红豆杉等珍贵植物	森林生态	1982	林业
11		永州都庞岭	道县	20 066.4	森林生态系统、林麝、白颈长尾雉等野生动植物	森林生态	1982	林业
12		九嶷山	宁远县	10 236	中亚热带中海拔天然阔叶林生态系统及珍稀动植物	森林生态	1982	林业
13		罗坑	韶关市	18 813.6	鳄蜥及中亚热带常绿阔叶林	森林生态	1978	林业
14	广东	车八岭	始兴县	7545	中亚热带常绿阔叶林及珍稀动植物	森林生态	1981	林业
15		丹霞山	仁化县	28 000	丹霞地貌	地质遗迹	1995	国土

续表

序号	省(区)	保护区名称	行政区域	面积(hm²)	主要保护对象	类型	始建时间(年)	主管部门
16	广东	南岭	乳源县、阳山县、连州市	50 000	中亚热带常绿阔叶林	森林生态	1984	林业
17		石门台	英德市	33 555	天然阔叶林及珍稀濒危动植物	森林生态	1998	林业
18	广西	九万山	融水县、罗城县、环江县	25 212.8	水源涵养林	森林生态	1982	林业
19		元宝山	融水县	4220.7	元宝山冷杉及中亚热带中山森林生态系统	野生植物	1982	林业
20		猫儿山	兴安县、资源县、龙胜县	17 008.5	典型常绿阔叶林生态系统及珍稀野生动植物	森林生态	1976	林业
21		千家洞	灌阳县	12 231	水源涵养林及野生动植物	森林生态	1982	林业
22		花坪	龙胜县、临桂县	17 400	银杉、典型常绿阔叶林生态系统及珍稀野生动植物	森林生态	1961	林业
23		大桂山	贺州市	3780	鳄蜥等珍稀野生动物	野生动物	2005	林业
24		七冲	昭平县	14 336.3	原生性常绿阔叶林生态系统及伯乐树、鳄蜥等珍稀动植物	森林生态	2003	林业
25		大瑶山	金秀县、荔浦县、蒙山县	24 907.3	水源林及瑶山鳄蜥、银杉等珍稀野生动植物	森林生态	1982	林业
26		银竹老山	资源县	4341.2	资源冷杉等濒危物种	森林生态	2016	林业

四、独具特色的风土人情

南岭地区是少数民族聚集的地区,被誉为中国民族格局中的三大民族走廊之一的"南岭民族走廊",主要有瑶族、壮族、苗族、侗族、畲族、回族等。随着民族文化的交融,各少数民族除了有汉族传统节日"春节""清明""端午""中秋""除夕""重阳节""冬至""七夕"等外,还保留了自己民族大量的独特风土人情。

南岭是瑶族的主要聚居地,主要分布在湖南的江华、江永,广西的富川、恭城、贺州、钟山,广东的连山、连南、连州、乳源等湘粤桂三省(区)十县(市)。瑶族民风淳朴,人口多居住在山区,因此有"无山不有瑶"之说。南岭地区保留着上千年历史的瑶寨,其中南岗千年瑶寨最具代表性,有"中国瑶族第一寨"的美誉。保留的很多精彩传统

▼南岗千年瑶寨

节庆以"盘王节"和"开耕节"最为吸引人。每年农历十月十六日为"盘王节","盘王节"期间,瑶族人民杀鸡宰鸭,男女老少穿上节日盛装,汇集在一起,首先祭祀盘王,唱盘王歌,跳黄泥鼓舞和长鼓舞,追念先祖功德,歌颂先祖英勇奋斗的精神。与此同时,男女青年则开展对歌活动,抓住良机择意中人。每年农历三月初三为"开耕节",意为一年春耕开始。"开耕节"当天瑶家必杀鸡、磨豆腐。早晨,在先生公的带领下,唱盘王歌,跳长鼓舞,祭拜盘王祖先,祈愿五谷丰登、风调雨顺,因此又叫"许愿节"。瑶族人民的信仰属于多神崇拜,认为万物有灵,对自然虔诚膜拜。部分地方的瑶族青年成年时,必须举行一次"度戒"仪式,其意义与成丁礼相同。举行仪式时,要翻云台(从一丈多高的台上向后倒下)、上刀山(赤脚爬上插有利刀的梯子)、过火海(赤脚走过炭火通红的火塘)等。只有经过度戒,才能结婚成家、参加社会活动。瑶族人一般不与外族通婚,他们的婚姻一般先由青年男女通过节日唱歌或其他途径建立感情,自由恋爱,征得父母同意后结婚。

壮族主要分布在广西柳州、桂林

▼瑶族长鼓舞

地区，广东连山、湖南江华也有少量分布。壮族是个好客的民族，到壮族村寨任何一家做客的客人都被认为是全寨的客人，往往几家轮流请吃饭，有时一餐饭吃五六家。平时即有相互做客的习惯，比如一家杀猪，必定请全村各户每家来一人，共吃一餐。招待客人的餐桌上务必备酒，方显隆重。敬酒的习俗为"喝交杯"，其实并不用杯，而是用白瓷汤匙。节日有吃五色饭、五色蛋的习俗。壮族人忌讳农历正月初一杀牲，妇女生孩子的头三天（有的是头七天）忌讳外人入内，忌讳生孩子尚未满月的妇女到家里串门。

铜鼓是壮族人民心中的神物，是壮族群众每年过三月三和春节等节日庆祝活动中必不可少的习俗。铜鼓文化是壮族文化的重要组成部分。红水河沿岸的壮家几乎村村有铜鼓，逢年过节，红白喜事，家家都要打铜鼓，喜庆吉祥。2006年壮族铜鼓习俗经国务院批准列入《第一批国家级非物质文化遗产名录》。

三月三和歌圩，壮族传统歌节，又叫三月三、歌圩节、歌圩。歌圩日，小伙子和姑娘们都穿节日盛装，男携礼物，女揣绣球，成群结队前往。有的抬着刘三姐神像绕行歌圩一周才开始对歌。有的则由姑娘们搭起五彩绣棚，待小伙子到来，边对歌、边审度对方人品、

▼壮族铜鼓

▲ 壮族三月三歌圩节

才华。有的是男女对列,姑娘向意中人抛出绣球,对方如果中意,就在绣球上绑上礼物,掷还女方。还有的是甲村向乙村送去彩球,相约还球时举行山歌比赛,如果乙村输了,彩球不准送还,来年继续比赛,直到唱赢为止。现在,广西壮族自治区人民政府已将每年农历三月初三定为壮族歌节,逐渐发展成"三月三"文化艺术节。

　　苗族是一个古老而又多姿多彩的民族,保持着灿烂古朴的民族传统文化。喜戴银饰是苗族姑娘的天性。苗族有自己民族的传统节日,最隆重和内容最丰富的就是苗年。过苗年的时间,各地并不相同。广西融水、三江、龙胜一带的苗年一般在农历十一月的亥日。苗年隆重热烈,除祭祖、饮宴之外,还举行各种活动。祭龙潭、祭田神、吹笙伴舞,热闹非凡,是苗年最隆重的场面。祈神求丰收,是苗年活动的一个大主题。过去苗族还有姑舅表优先婚和转房等习俗;苗族人习惯先请客人饮牛角酒。吃鸡时,在苗族人家做客,切记不能去夹鸡头吃;鸡胆、鸡杂要敬老年妇女,鸡腿留给小孩。

　　侗族主要分布在南岭地区西北部湖南通道、广西三江等地。鼓楼、风雨桥、风雨亭是侗族的主要标志。这种不用一钉一铆的木结构建筑吸收了中国古代亭台、楼阁建筑的部分精髓。侗族的文化艺术丰富多彩,有"诗的家乡,歌的海洋"之美誉。侗族的节日以春节、祭牛神、吃新节较为普遍。吃新节是一个农事节日,多是为了庆贺丰收并希望来年丰收过的节日。"月也"是侗族的一个特别社交活动,常常是这一村群众到另一村做客,并以吹芦笙或唱歌、唱戏为乐。广西三江县富禄等地侗族群众常于夏历三月三日或二月二日汇集于广坪上,用一特制火包冲——铁环腾空而起,降落时让大家抢夺,获得者受重奖,叫作"抢花炮"。现在"抢花炮"已被列入全国少数民族

▲载歌载舞过苗年

▼广西三江鼓楼

传统体育运动会的比赛项目。

青年男女社交自由。每逢节日、农闲或劳动之余,姑娘和小伙子们用歌声来播种爱情的种子。这种社交活动通常在晚上的家中进行,男方称"走寨",女方称"坐夜",习惯称为"行歌坐夜"。侗族婚姻为一夫一妻制。中华人民共和国成立前,姑舅表婚较为流行,女子婚后有"不落夫家"的习俗。婚后

▲风雨桥

▼侗族吃新节

新娘即返娘家,遇有农忙、节日或重要事情,接回夫家住数日后又返娘家,有的往返数年,直到怀孕生子后才长住夫家。侗族信仰多神,崇拜自然物,古树、巨石、水井、桥梁等均属崇拜对象。正常死亡的成年人可以埋入祖上的坟山,非正常死亡的人或未成年人夭折则埋于僻静的荒野。

五、令人流连忘返的自然风光

南岭地区自然风光秀美,各种自然景观众多,广西桂林山水、龙脊梯田,广东韶关丹霞山、乳源大峡谷,湖南宜章莽山中南第一险、崀山丹霞地貌,江西井冈山杜鹃十里长廊等世界闻名,令人流连忘返。

▼广西桂林山水

▶ 广东韶关丹霞山

▼ 广西龙脊梯田

▲广东乳源大峡谷

▼湖南宜章莽山中南第一险

▲湖南崀山丹霞地貌(八角寨)

▼江西井冈山杜鹃十里长廊

2

南岭成矿带的优势矿产

Nanling
Chengkuangdai De
Youshi Kuangchan

南岭成矿带的优势矿产主要有钨、锡、铅、锌、稀土、铀等。南岭成矿带是世界原生钨矿床和锡矿床分布最密集的地区之一，尤其是在湘南、赣南、桂东北、粤北地区，钨锡矿床常常成群成组出现，其中湘南、赣南分别有"有色金属之乡""世界钨都、稀土王国"之美誉。

一、钨矿储量丰富

1. 分布特点

南岭成矿带是我国乃至世界上最重要的钨矿集中分布区，查明的钨矿主要分布在湖南郴州，江西崇余犹（崇义—大余—上犹）、赣县—于都、三南（全南、龙南、定南）、兴国—宁都，广西全州—资源、富贺钟（富川—贺州—钟山）和广东乐昌—仁化、始兴—连平等地，其他地区有少量分布。成矿带中已发现超大型矿床1个，大型矿床15个，中型矿床53个，以及一大批小型矿床、矿（化）点。查明钨资源量342.5×10^4t，预测2000m以浅钨资源潜力805.1×10^4t（付建明等，2017）。

2. 钨有哪些属性

钨英文名称Wolfram(Tungsten)，元素符号W，原子序数74，VIB族金属。密度$19.35g/cm^3$，熔点3422℃，沸点5927℃。钨的化学性质非常稳定，具有熔点高、硬度高、密度高、导电性和导热性良好、膨胀系数较小等特性。钨在地壳中的含量为0.001%，已发现的钨矿物和含钨矿物有20余种，其中具开采经济价值的有黑钨矿和白钨矿，黑钨矿约占全球钨矿资源

▲ 黑钨矿

▲ 自然光下的白钨矿

▲ 荧光灯下的白钨矿

总量的30%,白钨矿约占70%。

3. 钨有哪些用途

钨广泛应用到合金、电子、化工等领域。其中,硬质合金是钨最大的消费领域。

(1)合金领域。钨能够提高钢的强度、硬度和耐磨性,是一种重要的合金元素,被广泛应用于各种钢材的生产中。这些含钨钢材主要用于制造各种工具,如钻头、铣刀、拉丝模、阴模和阳模等。

钨的碳化物具有高耐磨性和难熔性,碳化钨基硬质合金是钨最大的消费领域,主要用于制造切削工具、矿山工具和拉丝模等。

钨常用作生产热强和耐磨合金。如钨和铬、钴、碳的合金用来生产诸如航空发动机的活门、涡轮机叶轮等高强耐磨的零件,而钨和其他难熔金属(如钽、铌、钼、铼)的合金常用来生产诸如航空火箭的喷管、发动机等高热强度的零件等。

钨是制作高密度合金的理想材料,主要有 W-Ni-Fe、W-Ni-Cu、W-Co、W-WC(碳化钨)-Cu、W-Ag 等系列,这类合金具有密度大、强度高、吸收射线能力强、导热系数大、热膨胀系数小、导电性能良好、可焊性和加工性良好等特性,被广泛应用在航天、航空、军事、石油钻井、电器仪表、医学等行业,如制造装甲车、穿甲弹、散热片、控制舵的平衡锤以及诸如闸刀开关、断路器、点焊电极等的触头材料。

(2)电子领域。钨的可塑性强、蒸发速度小、熔点高、电子发射能力强,因而钨及其合金被广泛应用于电子和电源工

▼钨钢钻头

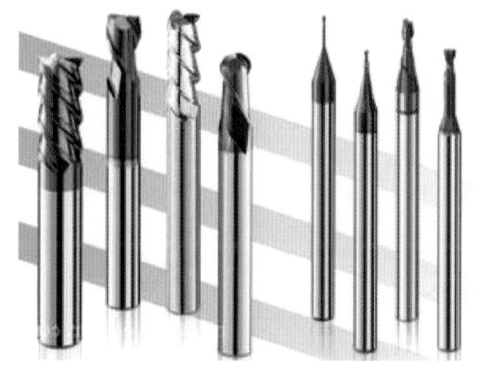

钨合金——装甲车▶

业。如钨丝的发光率高,使用寿命长,用于制造各种灯泡灯丝。钨丝还可以用于制造电子振荡管的直热阴极和栅极以及各种电子仪器中旁热阴极加热器。

(3)化工领域。钨的化合物常用作催化剂和无机颜料,如二硫化钨在合成汽油的制取中用作润滑剂和催化剂,青铜色的氧化钨被用在绘画中,钙或镁钨常用在荧光粉中。

另外,由于钨的热胀性与硅酸硼玻璃类似,它被用来做玻璃或金属密封。钨的敏感性低,被用来制作高纯度钨金首饰。此外,钨也被应用在放射性医学上,有些乐器的铉也会使用钨丝。

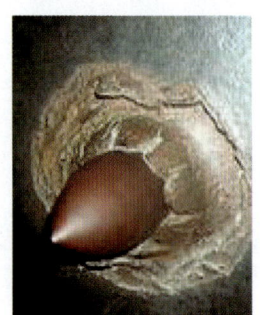

▲钨心脱壳穿甲弹

▲钨丝

二、锡矿为优势矿种

1. 分布特点

锡矿是南岭成矿带优势矿种之一,常与钨矿共(伴)生,矿床类型与钨矿相似,常并称为钨锡矿或钨锡多金属矿。查明的锡矿主要分布在湖南郴州、江西崇余犹、广西罗城—融水、全州—资源、富贺钟、广东乐昌—仁化、始兴—连平等地区。成矿带内发现超大型矿床 2 个,大型矿床 5 个,中型矿床 39 个。查明锡资源量 187.4×10^4 t,预测 2000m 以浅锡资源潜力 595.6×10^4 t。

2. 锡有哪些属性

锡英文名称 Tin(Stannum),元素符号 Sn,原子序数 50,原子质量 118.71,IVA 族金属。密度 $7.28g/cm^3$,熔点 232℃,沸点 2260℃。锡在地壳中的含量为 0.004%,几乎都以锡石(SnO_2)的形式存在,此外还有极少量的锡的硫化物矿。锡具有质地柔软、熔点低、展性强、塑性强和无毒等优良特性。

▲ 锡石

3. 锡有哪些用途

锡是人类最早使用的金属之一,也是最具广泛工业用途的金属之一。主要用于制造焊锡、镀锡板、合金、化工制品等。产品被广泛应用于电子、信息、电器、化工、冶金、建材、食品包装、机械、原子能及航天工业等行业。

焊锡是用锡基合金做的熔点较低的焊料。目前,锡焊料是锡在电子行业的主要应用领域。

镀锡板俗称马口铁,被广泛用于罐头、饮料等食品的包装行业,以及军工、仪表、电器及其他工业领域。

锡和锑、铜合成的锡基轴承合金和铅、锡、锑合成的铅基轴承合金用来制造汽轮机、发电机、飞机等的轴承。含锡的青铜广泛应用于船舶、化工、建筑、货币等工业领域。在黄铜中加入锡用于制造船舶零件和焊接条等。在工业上,还常把锡镀到铜线或其他金属上,以防止这些金属被酸碱等腐蚀。钛基合金和铌锡合金等用于原子能工业、航空工业、超导材料以及宇宙飞船制造等尖端技术领域。

锡的有机化合物主要用作木材防腐剂、农药等,锡的无机化合物主要用作催化剂、稳定剂、添加剂和陶瓷工业的乳化剂。

硫化锡的颜色与金子相似,常用作金色颜料。二氧化锡是不溶于水的白色粉末,可用于制造搪瓷、白釉与乳白玻璃。锡的化合物还可应用于染料、橡胶、

▲ 焊锡条

▼ 马口铁镀锡板

塑料、农药等工业。

化工用锡主要用于 PVC 热稳定剂、杀虫剂、催化剂、农业化肥和玻璃镀膜等。

另外，锡作为电子工业材料，用作高纯试剂；用于还原剂测定砷、磷酸盐的试剂，也用于有机合成；用于制造电碳制品、摩擦材料、含油轴承及粉末冶金结构材料以及用于低熔点合金制备。

▲锡铜合金制品

三、铅锌矿也是优势矿种

1. 分布特点

铅锌矿也是南岭成矿带优势矿种之一，查明的铅锌矿主要分布在湖南郴州、道县—江永、常宁—祁东，江西于都、崇义，广西融水—三江、阳朔—恭城、武

▲方铅矿

宣—桂平，广东乐昌—仁化—曲江、连平、怀集等地区。成矿带内发现超大型矿床1个，大型矿床7个，中型矿床15个。查明铅资源量673.1×10⁴t，锌资源量1205.3×10⁴t，预测2000m以浅铅资源潜力2605.4×10⁴t，锌资源潜力4612.0×10⁴t。

2. 铅锌矿有哪些属性

铅英文名称Lead，元素符号Pb，原子序数82，相对原子质量207.2，IVA族金属。密度11.34g/cm³，熔点327.50℃，沸点1740℃。铅是一种略带蓝色的银白色金属，易被氧化形成灰黑色的氧化铅，常常以硫化物形式出现。方铅矿（PbS）是提炼铅的重要矿石矿物，也是分布最广的铅矿物。铅具有延性弱、展性强、抗腐蚀性高、抗放射性穿透的性能好、易与其他金属制成性能优良的合金等特点。

锌英文名称Zinc，元素符号Zn，原子序数30，IIB族金属。密度7.14g/cm³，熔点419.5℃，沸点906℃。闪锌矿（ZnS）是提炼锌的重要矿石矿物。锌在常温下性较脆，100～150℃时变软，超过200℃后又变脆。锌在常温下表面会生成一层薄而致密的碱式碳酸锌膜，可阻止进一步被氧化。当温度达到225℃后，锌则会剧烈氧化。锌易溶于酸，也易从溶液中置换金、银、铜等。金属锌具有良好的压延性、耐磨性、抗腐蚀性、铸造性，且有很好的常

闪锌矿▶
（灰色）
与黄铜
矿（黄色）

温机械性,能与多种金属制成性能优良的合金。

3. 铅锌有哪些用途

作为常用的有色金属,铅的年产销量在有色金属中排第四位(继铝、铜、锌后)。铅、铅的化合物及其合金被广泛应用于蓄电池、电缆护套、机械制造、船舶制造、轻工、氧化铅、射线防护等行业。

另外,铅由于能够很好地阻挡 X 射线和放射性射线,用于医院相关工作人员防护阻挡射线侵害。铅字是使用活字合金浇铸成的。此外,用铅行业还有邮电、冶金、化工、铁路、交通、建筑、武器弹药、航天、航空、石油等。

锌及其合金主要用于钢铁、冶金、机械、电气、化工、轻工、军事和医药等领域。金属锌主要以镀锌、锌基合金、氧化锌的形式广泛应用于汽车、建筑、家用电器、船舶、轻工、机械、电池等行业。目前,在有色金属消费中仅次于铜和铝。

锌被广泛应用于镀锌工业,主要被用于钢材和钢结构件的表面镀层(如镀锌板),广泛用于汽车、建筑、船舶、轻工等行业。如含锌粉的涂料、镀锌铁板(锌合金板)做的屋顶,钢带热浸镀锌等。

▼铅蓄电池

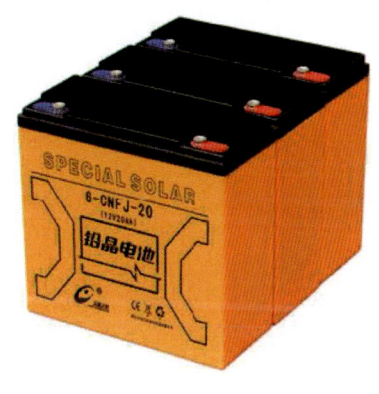

锌能与多种有色金属制成合金,其强度和硬度均大为提高,综合机械性能、抗蠕变性能也大幅度提高。利用其优越的超塑性能,锌合金广泛应用于汽车制造和机械行业中压铸件及各种零部件的生产。锌还可以用来制作电池。

另外,在射频干扰场合,锌板是一种非常有效的屏蔽材料,同时锌是非磁性的,适合做仪器仪表零件和仪表壳体及钱币。锌自身及与其他金属碰撞不会发生火花,适合做井下防爆器材。锌肥(硫酸锌、氯化锌)有促进植物细胞呼吸、碳水化合物的代谢等作用。锌粉、锌钡白、锌铬黄可作颜料。氧化锌还可用于医药、橡胶、油漆等工业领域。

▲ 防辐射铅门

▲ 镀锌板屋顶

▲ 锌锰电池

四、稀土矿的重要产地

1. 分布特点

　　稀土矿在南岭成矿带四省（区）均有分布，其中以江西最为重要，是全国乃至世界上离子吸附型稀土的重要产地。查明的稀土矿主要分布在湖南江华、宜章—汝城，江西龙南、赣县、信丰、安远、上犹、大余、宁都，广西兴安—资源、富贺钟、藤县—平南，广东连州—英德—佛冈等地区。成矿带中已发现超大型—大型矿床6处，中型矿床23处及一大批小型矿床和矿（化）点。查明稀土资源储量 $70.4×10^4$ t，预测稀土 2000m 以浅资源潜力 $1572.7×10^4$ t。

2. 稀土有哪些属性

　　稀土是镧(La)、铈(Ce)、镨(Pr)、钕

(Nd)、钷(Pm)、钐(Sm)、铕(Eu)、钆(Gd)、铽(Tb)、镝(Dy)、钬(Ho)、铒(Er)、铥(Tm)、镱(Yb)、镥(Lu)、钪(Sc)和钇(Y)共17种元素的统称。英文名称为Rare Earth。ⅢB族金属，原子序数为21、39和57～71，其中原子序数为57～71的15种化学元素又统称为镧系元素。尽管称之为"稀土"，但这些元素在自然界中并不"稀少"，如元素铈(Ce)在自然界中的丰度值排名第25。之所以称之为"稀土"，主要是因为这17种元素在自然界中很少以单质晶体形式存在，通常与其他金属元素结合在一起并以氧化物形式存在，很难单独提取。稀土金属一般较软、可锻、有延展性，在高温下呈粉末状时其反应性尤为强烈。该组金属化学活性极强，对氢、碳、氮、氧、硫、磷和卤素具有极强的亲和力，在空气中易被氧化，重稀土与钪和钇在室温下表面易生成氧化保护层，因此一般将稀土金属保存在煤油中，或置于真空及充以氩气的密封容器中。稀土元素具有无法取代的优异磁、光、电性能，对改善产品性能，增加产品品种，提高生产效率起到了巨大作用。

3. 稀土有哪些用途

稀土被誉为"工业味精""工业维生素"和"新材料之母"，是珍贵的战略金属资源。稀土作用大、用量少，已成为改进产品结构、提高科技含量、促进行业技术进步的重要元素，广泛应用于冶金、军事、石油化工、玻璃陶瓷、农业和新材料等领域。同时，还被应用到了绿色能源、医疗、净水、交通等多个领域。

(1)镧：可应用于能源电池技术以及荧光粉激活剂。

(2)镱：光通信的光纤放大材料。

(3)铥：用于不需电源的手提式X射线机。

(4)铒：军用对人眼安全的便携式激光测距仪。

(5)钬：制作光纤激光器等光通信器件。

(6)镝：已用于电影、印刷等照明光源。

(7)铽：广泛应用于燃料填射系统、微定位和飞机太空望远镜的调节等领域。

(8)钆：常用作原子反应堆中吸收中子的材料。

(9)钐：用于制造激光材料、微波和红外器材。

(10)钕：钕钛硼磁体磁能极高，被称作当代"永磁之王"。

(11)铈：可用于汽车尾气净化和美容防晒护肤品添加剂。

(12)镝：适合做摄影机、照相机、显微镜镜头和高级光学仪器棱镜。

(13)镨：常用来制造有色玻璃、搪瓷和陶瓷。

(14)铕：大部分用于荧光粉。

(15)铽：用来制造荧光粉、航标灯。

(16)钪：可用以制特种玻璃及轻质耐高温合金等。

(17)钇：制特种玻璃及陶瓷，并用作催化剂。

▼稀土的应用

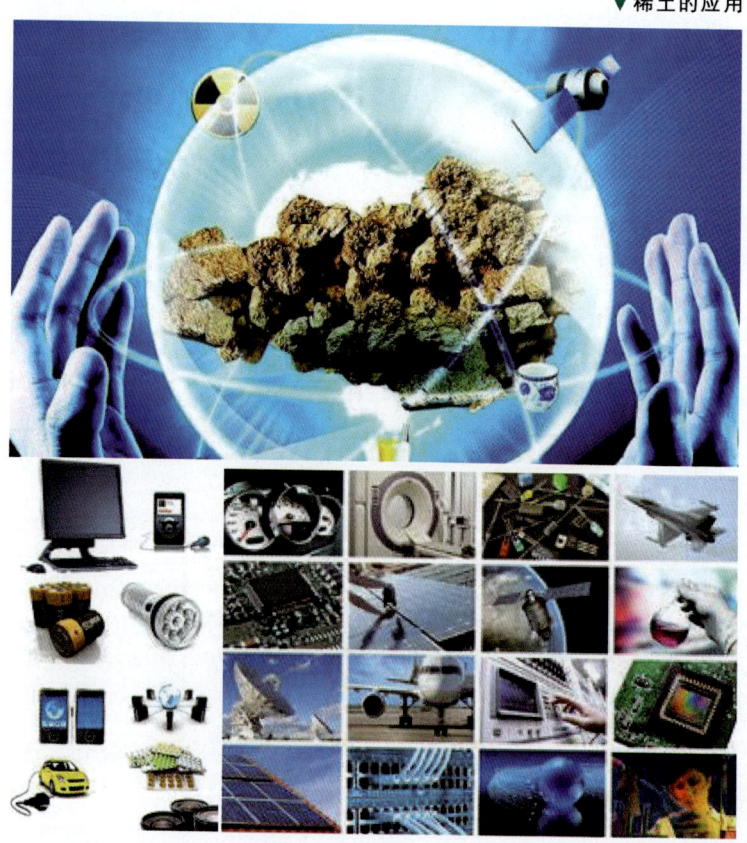

五、铀矿资源丰富

1. 分布特点

南岭成矿带铀矿资源丰富,查明的铀矿主要分布在湖南桂东—汝城、江西崇余犹、三南,广西兴安—资源、富贺钟,广东仁化—南雄、翁源等地区。其中广东仁化—南雄地区是全国最重要的花岗岩型铀矿矿集区之一,广西兴安—资源地区是重要的碳硅泥岩型铀矿矿集区,发现有国内最大碳硅泥岩型铀矿床——铲子坪铀矿,砂岩型铀矿床主要分布于湖南衡阳、广东南雄等中新生代盆地内,规模较小。铀为保密矿种,在此不再论述。

2. 铀有哪些属性

铀英文名称 Uranium,元素符号 U,原子序数 92,ⅢB 族金属,锕系元素之一,密度 18.95g/cm³,熔点 1132.5℃,沸点 3745℃。铀同位素皆不稳定,具有微弱放射性。已知铀矿物和含铀矿物约有 500 种,其中矿物组成稳定、铀含量恒定、物化性质确定的铀矿物近 200 种,可作为工业资源的仅 20 余种,最重要的有沥青铀矿、晶质铀矿、铀石和铀黑等。很多铀矿物都呈黄色、绿色或黄绿色。铀是一种银白色的金属,化学性质活泼,能和所有的非金属作用(惰性气体除外),能与多种金属形成合金,在空气中易氧化,生成一层发暗的氧化膜。铀裂变会产生巨大的能量。

▼铜铀云母

3. 铀有哪些用途

在军事上，铀主要用来作为核武器以及核潜艇、核航母的动力燃料，是重要的战略储备物资。铀的和平用途十分广泛，其中最主要的是用作核电反应堆的燃料。

另外，铀核裂变时产生的同位素及其射线广泛应用于国民经济各个部门，如农业上用于辐照育种，食品工业上用于食品保鲜灭菌，医药上用于放射治疗，工业上用于生产自动控制、无损伤检查、地质勘探、文物考古等。

▲原子弹——投到广岛的"小男孩"

▲罗布泊的蘑菇云

▼秦山一期核电站

3

南岭成矿带的地质与矿业遗迹

Nanling

Chengkuangdai De

Dizhi Yu Kuangye Yiji

▲国家级地质公园徽标

一、国家地质公园

地质公园是以具有特殊的地质科学意义、稀有的自然属性、较高的美学观赏价值、具有一定规模和分布范围的地质遗迹景观为主体，并融合其他自然景观与人文景观而构成的一种独特的自然区域。建立地质公园的主要目的是保护地质遗迹，普及地学知识，开展旅游，促进地方经济发展。

地质公园分为县（市）级地质公园、省地质公园、国家地质公园和世界地质公园。到目前为止，中国已批准建立国家地质公园8批共272个。南岭地区地质现象十分丰富，已有国家地质公园13处，其中广东丹霞山国家地质公园2004年获批为世界地质公园，它也是"丹霞地貌"的命名地。湖南宜章莽山地质公园以前是湖南省省级地质公园，2018年2月获批为国家级地质公园，莽山也是国家森林公园所在地。这些地质公园既为人们提供具有较高科学品位的观光旅游、度假休闲、保健疗养、文化娱乐的场所，又是地质遗迹景观和生态环境的重点保护区、地质科学研究与普及的基地。

▲湖南宜章莽山国家地质公园(建设中)

▲湖南莽山国家森林公园

南岭成矿带国家地质公园

序号	名称	地理位置	获批时间	公园面积(km²)	地貌景观	著名景点
1	湖南通道万佛山地质公园	湖南省通道县	2014年	100.83	丹霞地貌	独岩挺秀、福地洞天、雄狮望月、擎天一柱、美女望夫、神州海螺、金龟觅食、天生鹊桥等
2	湖南崀山国家地质公园	湖南省新宁县	2002年	108	丹霞地貌	天下第一巷、鲸鱼闹海、将军石、骆驼峰、天生桥(亚洲第一桥)、辣椒峰
3	湖南郴州飞天山国家地质公园	湖南省郴州市	2002年	约110	丹霞地貌、喀斯特溶洞	神仙寨、睡美人、千年悬棺;水下晶锥、石蛋生笋
4	广西资源国家地质公园	广西资源县	2002年	125	丹霞地貌、水体景观	天脊、龙脊、风帆石、资新大断裂遗迹、群螺观天、神仙ина一线天、泪人石、将军骑马壁画、宝鼎瀑布
5	广西罗城国家地质公园	广西罗城仫佬族自治县	2014年	115.56	岩溶地貌、水体景观、地质构造、古生物	驼峰迎客、神剑山、剑江古榕、孔雀开屏、天门山、神龙洞月亮山
6	广西鹿寨香桥喀斯特生态国家地质公园	广西鹿寨县	2005年	139	喀斯特地貌、生态景观	香桥岩溶峡谷、天生桥、九龙洞、响水石林、响水瀑布、岩溶峰林
7	广西宜州水上石林地质公园	广西宜州市	2011年	243.3	岩溶地貌、水体景观、地层剖面、地质构造、古生物遗迹	螺丝岛、神龟朝圣、骆驼饮水、断桥相会、古龙洞、万景洞、鸳鸯洞、九龙洞、飞鼠洞、仙女洞、白龙洞、水上石林、拇指山、褶皱断裂带、古脊椎动物、蜇类、珊瑚、牙形刺、海参化石产地
8	广西都安地下河地质公园	广西都安县	2014年	210	岩溶地下河与岩溶地貌	地苏地下河、都安天窗群、巴丁天窗群及其中的桃花水母、大地之眼
9	广西桂平国家地质公园	广西桂平市	2009年	270.15	花岗岩、丹霞、砂岩峰丛、流水地貌	南天第一秀山——西山、青霄第一峰——独秀峰;莲蕊峰、五姥峰、仙桃石、神鹰石、阳元石、珠江流域第一大峡谷——大藤峡、龙潭汇翠、双象踏青、披甲戴征、神驼会龙

43

续表

序号	名称	地理位置	获批时间	公园面积(km²)	地貌景观	著名景点
10	广东丹霞山国家地质公园	广东省仁化县	2002年（2004年获批世界地质公园）	290	红褐色陆相砂砾岩构成丹霞地貌，丹霞地貌命名地	姐妹峰、观音石、朝天龙、五仙岩、田螺寨、茶壶峰、巴寨、蜡烛峰；长老峰、海螺峰、宝珠峰、锦石岩、千圣岩、幽洞通天、龙鳞片石、马尾飞泉瀑布、变色龙百丈崖赤壁丹崖；阳元石、九九天梯、双乳石、睡美人；阴元石、龙角山、九龙峰、仙居岩、雾隐岩、乘龙岩、玉带桥；群象过江、金龟朝圣、鲤鱼跳龙门、僧帽峰、六指擒魔、拇指峰
11	广东阳山国家地质公园	广东省阳山县	2009年	270.415	花岗岩地貌、岩溶地貌和水体景观	天南第一峰——猛坑石、天门画廊、石龙饮涧、无头石龙、深谷翡翠、天泉瀑布、天泉温泉、双龙瀑布、秤架山V型谷；朝阳洞、一线天、打字崖、水帘洞；石螺温泉、神笔洞
12	广东封开国家地质公园	广东省封开县	2005年	1326	侵入岩地貌、砂页岩峰林地貌、岩溶地貌	大斑石——石成山、十里画廊、千层峰林；第四纪山曲流、古人类及动物化石遗址、金矿采矿遗址
13	湖南宜章莽山国家地质公园	湖南宜章县	2018年（建设中）	88	花岗岩地貌、水体景观	中南第一险、将军石、情人谷、滴水洞、回音壁

▲湖南通道万佛山国家地质公园

▲湖南崀山国家地质公园

▲湖南郴州飞天山国家地质公园

▲广西资源国家地质公园

▲广西罗城国家地质公园

▶广西宜州水上石林地质公园

广西都安地下河▶
地质公园

◀广西鹿寨国家地质公园

广西桂平国家▶
地质公园

◀ 广东丹霞山世界地质公园

◀ 广东阳山国家地质公园

◀ 广东封开国家地质公园

二、国家矿山公园

矿山公园是矿山地质环境治理恢复后开发的以展示矿产地质遗迹和矿业生产过程中探、采、选、冶、加工等活动的遗迹、遗址和史迹等矿业遗迹景观为主体,体现矿业发展历史内涵,具备研究价值和教育功能,可供人们游览观赏、科学考察的特定的空间地域。矿业遗迹包括矿产地质遗迹、矿业生产遗迹、矿业制品遗存、矿山社会生活遗迹和矿业开发文献史籍五大类别。矿山公园分为国家级矿山公园和省级矿山公园,其中国家级矿山公园由原国土资源部审定并公布。

▲国家级矿山公园徽标

目前我国已有国家矿山公园72家,这些国家矿山公园已经成为矿山环境恢复与矿业文化保护的典型示范。南岭成矿带矿业发达,采矿历史悠久。截至目前,已批准国家矿山公园9处,其中大宝山国家矿山公园、西华山国家矿山公园和盘古山国家矿山公园正在建设中。

南岭成矿带国家矿山公园

序号	名称	地理位置	矿种	最早开采历史	公园面积(km²)	开园时间	著名景点
1	宝山国家矿山公园	湖南郴州市桂阳县	铅、锌多金属	可追溯至西汉,历经千年	7.8(核心景区1.48)	2012年9月16日	古代采矿遗址、现代采矿遗址、矿冶历史文化区、露天采矿区、竖井、古铜币雕塑
2	郴州柿竹园国家矿山公园	湖南郴州市苏仙区	钨、锡、钼、铋多金属	明嘉靖年间	86.66(核心景区47.06)	2014年11月	矿业遗迹、水上游乐、千里山高山景区、金狮岭原始生态区、漂流、博物馆

续表

序号	名称	地理位置	矿种	最早开采历史	公园面积(km²)	开园时间	著名景点
3	全州雷公岭国家矿山公园	广西桂林全州县	锰	最早开采始于1943年，2002年关闭	3.6（规划面积4.26）	2015年12月	风化锰矿床、平行不整合接触、采矿场、矿硐、探采槽、采矿设备和工具、科普长廊、湘江水域功能区、江心大沙洲娱乐区、石林、桂北植物园
4	合山国家矿山公园	广西合山市	煤炭	清光绪三十一年(1905年)	18.3	2015年12月	煤矿生产遗迹区、合山煤田科普教育区、坑口电站区、治理恢复示范区、岩溶峰林、红水河风光、文物遗址、玉屏山、寨山、司烟山、龙王古建筑群等
5	凡口国家矿山公园	广东仁化县	铅锌硫,伴生银、汞、镉、锗、镓等稀散金属	早在宋朝就有采矿、炼银活动	4.5	2015年12月	泥盆纪地层剖面景观、断层及背斜向斜等构造剖面、多金属矿及铁帽找矿标志、滑坡、塌陷等矿山动力地质现象等；矿坑、古采坑、斜井、采场及尾沙库等；机械设备展示区、科普影视厅、科普长廊、岩芯库
6	韶关芙蓉山国家矿山公园	广东韶关市芙蓉山	煤和石灰岩	2100年前的西汉时期	21.7	2009年6月18日	采煤矿井、石灰岩露天采石场、石炭系剖面、倒转背斜、海相生物化石、峰丛-洼地岩溶地貌；雕塑广场、园林、博物馆、蓉山古刹、木兰园、芙蓉仙洞、芙蓉湖
7	大宝山国家矿山公园	广东韶关市曲江区	铅、锌多金属	唐代，公元999年		建设中	博物馆、展厅、主题碑、标本展示、遗迹参观、观景台
8	西华山国家矿山公园	江西大余县	钨	1882年前		建设中	博物馆、采(选)矿遗迹、遗址、矿洞
9	盘古山国家矿山公园	江西于都县	钨	20世纪20年代		建设中	矿洞、采矿遗址、博览园、文化体验区、选矿厂、尾砂坝、盘古公园、红军医院、矿山医院、中华钨矿公司驻地、矿山缆车

▲湖南柿竹园国家矿山公园

▲湖南宝山国家矿山公园

▲广西雷公岭国家矿山公园

▲广东凡口国家矿山公园

◀ 广西合山国家矿山公园

▲ 广东芙蓉山国家矿山公园

◀ 广东大宝山国家矿山公园（建设中）

▲ 江西西华山国家矿山公园(建设中)

▲江西盘古山国家矿山公园(铁山垅,建设中)和原中华钨矿公司

4

南岭成矿带典型矿床发现史

Nanling Chengkuangdai Dianxing Kuangchuang Faxianshi

南岭成矿带是我国南方有色金属、稀有金属、贵金属的重要资源基地和产区。因其特具的矿产资源优势,矿业已成为本区的支柱产业。其中湘南、赣南、粤北已形成较大的采、选、冶生产规模和能力,钨、锡、铋、铅锌、稀土等产量位居全国前列,是国内有色金属生产、加工的重要产业基地。区内主要矿产地有柿竹园、凡口、白腊水、瑶岗仙、黄沙坪、宝山、水口山、香花岭、大吉山、西华山、焦里、盘古山、黄沙、足洞、珊瑚、栗木、泗顶、锯板坑、大宝山、大顶、圆珠顶等。本书选择有代表性的湖南柿竹园和宝山、江西西华山、广西珊瑚、广东凡口 5 个矿床的发现史进行重点介绍。

一、湖南柿竹园钨锡钼铋多金属矿床

柿竹园特大型钨锡钼铋多金属矿床位于南岭成矿带中段,距湖南省郴州市中心城区南东约 15km。她蕴藏 143 种矿物,被誉为"世界有色金属博物馆"。

1. 简介

矿区位于北东向构造与南北向构造、东西向构造复合控制的东坡多金属矿田的东部。泥盆系上统佘田桥组泥质灰岩、泥质条带灰岩与本矿床的成矿关系密切。燕山早期的千里山花岗岩体侵位于东坡——月枚复式向斜北段昂起部位,地表出露面积约 $10km^2$。围绕该岩体周边接触带及其附近分布着柿竹园钨锡钼铋矿床、野鸡尾铜锡矿床、张家湾铁铋锡矿床、赵家垄铁铋锡矿床、金狮岭铀铅锌银砷矿床、柴山铅锌银矿床、大吉岭钨锡钼铋矿床、岔路口钨锡钼铋矿床、金船塘锡铋铁铅锌矿床、横山岭铅锌银矿床、玛瑙山铁锰矿床、百步鑫铅锌银矿床、蛇形坪铅锌银矿床、玉皇庙铜铅锌银矿床、红旗岭锡铜铅锌矿床、水湖里铅锌银矿床、东坡铅锌矿床、天鹅塘铅锌矿床、塘渣水铅锌矿床、大垄沟铅锌矿床、妹子垄锡铁矿床等20多个矿床（郭春丽等, 2015）。多期次构造运动形成了一幅复杂多变、多次叠加的构造格局。矿区范围内北东向、南北向、北西向和东西向断裂多达40余条，裂隙构造更是网状交织。这些断裂构造互相交切、贯通，为岩浆侵入和矿液的运移和储集起到了极其重要的作用。

矿体产于千里山主体花岗岩体内弯部位的波状起伏舌形的平缓接触带上，其底板与花岗岩体顶面相吻合，大致呈北北东向分布。矿体形态简单，多呈似层状、透镜状、扁豆状产出，个别为不规则状。南北长1000余米，东西宽700m，平均厚150m，最大厚度350m。倾向南东东，倾角15°～20°。矿体的西半部出露地表，东半部隐伏于大理岩之下，并向东、南、北3个方向逐渐变薄、尖灭，总体上呈一巨大的平缓透镜体。

矿化具有明显的分带现象，矿体自下而上可分为4个带：云英岩型钨锡钼铋矿石带（Ⅳ）、网脉状云英岩-矽卡岩型钨（锡）钼铋矿石带（Ⅲ）、矽卡岩型钨铋矿石带（Ⅱ）、大理岩细网脉型锡（铍）矿石带（Ⅰ）。

与主体花岗岩侵入有关的热液蚀变及与钨、锡、钼、铋矿化关系密切的围岩蚀变主要有矽卡岩化、长石化、萤石化、云英岩化、大理岩化。此外，矿区的热液蚀变还有绢云母化、叶蜡石化、绿泥石化、黄铁矿化、硅化等。

▼云英岩-矽卡岩型钨（锡）钼铋矿（Ⅲ）

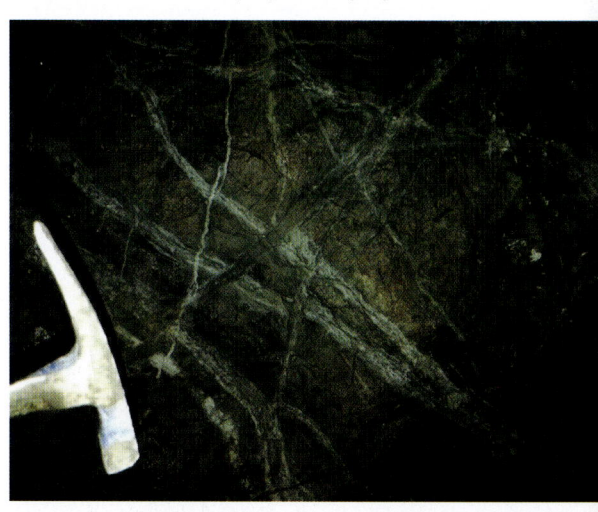

主要矿石类型有大理岩锡矿石、矽卡岩钨铋矿石、云英岩-矽卡岩钨、锡、钼、铋混合矿石和云英岩网脉矿石4种。

矿石中有用组分十分丰富是本矿床的重要特征之一。矿床中有用组分达36种，常见的有W、Sn、Mo、Bi、Be、Cu、Au、Ag、Pb、Ga、In、Cd、Nb、Ta、Re、CaF_2和S等，其中Be、W、Mo、Bi、Sn、CaF_2均为大型矿床，且具有单独开采的价值。

矿石的平均品位：WO_3 0.344%、Sn 0.112%、Mo 0.064%、Bi 0.126%、CaF_2 21.76%。钨矿化和铋矿化的分布与矽卡岩相一致，钼矿化主要集中在矽卡岩的中心部位，锡矿化则分布于外带的矽卡岩化大理岩和大理岩中，萤石产于各类矿石中。

矿石结构有自形晶结构、半自形晶结构、他形晶结构、鳞片状结构、包含结构、环带结构、交代残余结构、交代假象结构、溶蚀结构、穿插交代结构、交代文象结构等。矿石构造主要有浸染状构造、网脉状构造、条带状构造、块状构造等。

柿竹园矿床属岩浆期后高温气成热液与碳酸盐岩接触交代形成的，以矽卡岩型为主的多金属矿床，成矿时代为燕山早期。

2. 发现史

柿竹园矿产地名称的出现不晚于清朝乾隆年间。清光绪《湖南通志》记载，"乾隆十一年(1746年)题准郴州柿竹园、葛藤坪等处出产锡砂"。民国时期又提到柿竹园产硫。清朝开采柿竹园山下的砂锡矿，民国时期开采柿竹园边部的硫铁矿，其钨多金属矿体仍保存完整无损。

柿竹园矿的地质工作始于20世纪30年代，1930—1947年中南第三地质调查所的王晓青等对郴县金船塘、柴山、水湖里等开采区进行过矿产调查，编写有《湖南金船塘矿产》文字报告。

▼ 矽卡岩型钨铋矿（Ⅱ）

1954—1955年，先后有中南地质局 452 队、425 队以及二机部 309 队等进行过地质矿产调查。452 队在柿竹园硫铁矿体中发现有氟石、硅灰石、石榴石、绿帘石等变质矿物，1955 年 6 月黄畈等提交了《湖南省郴县、资兴县矿区普查检查地质报告》。

1956 年，冶金工业部地质局湖南分局 219 队首次在柿竹园发现云英岩、矽卡岩、网脉型钨锡矿，并将矽卡岩划分为简单和复杂两种，前者主要分布在野鸡尾，长 1500m，宽 160m，WO_3 平均品位 0.097%；后者分布在柿竹园，长 800m，宽 800m，WO_3 平均品位 0.22%。按延深 100m 计算 WO_3 远景储量，野鸡尾区 79 488t，柿竹园区 478 720t。10 月，219 队王克仁等提交了《湖南省郴县东坡铅锌磺钨铁综合矿区地质勘查报告》，认为"矽卡岩矿体分布面积大，深度亦大，有必要进行下步预查工作"。

1957 年 4 月，425 队在柿竹园-野鸡尾矿区对准硫铁铅锌矿体延深方向施工了第一个钻孔，正式拉开深部勘查的序幕，但该孔只见一层铅锌矿体；5 月，施工第二个钻孔，见两层累计厚 82.11m 的钨锡矿体。同年下半年，又向西南布置了一批钻孔和机掘坑探，求得 WO_3 储量 7297t，锡 30 000 余吨。1958 年施工的 50 多个钻孔均见矽卡岩钨锡矿体，同时发现辉钼矿、辉铋矿等，圈出东、西、中 3 个矽卡岩矿块，求得 WO_3 储量 $14.7×10^4$t，锡 $16.5×10^4$t。但在 1958 年下半年收到选矿报告时，得到"矿物颗粒度细小，锡钨回收率仅 40%～50%，不能满足工业生产的要求"的结论，决定从 1959 年起把工作重点放在矿石物质组分和有用元素赋存状态的研究上。

1959 年，发现钼矿化在钨锡矿体中分布普遍，于是对钼矿体进行单独圈定，估算储量 5821t，平均品位 0.09%。1960 年，通过综合研究圈出铋独立矿体，但因当时选矿技术水平所限等原因，选矿不理想，仍属呆矿。

1963 年，408 队发现地表有规模大的矽卡岩矿体存在，同时伴有密集的石英-云英岩脉叠加。通过综合分析地表及深部资料，将矿体重新划分出大理岩锡石硫化物型（Ⅰ矿带）、矽卡岩型（Ⅱ矿带）、矽卡岩-云英岩型（Ⅲ矿带），并分别圈定试算储量。发现除 Ⅰ 矿带品位低外，Ⅱ、Ⅲ 矿带品位较高，特别是 Ⅲ 矿带品位高出以往矿体平均品位的 1/3 以上。

1964 年开始,由于 408 队新的找矿突破,掀起了柿竹园矿区大会战。会战从 1963—1967 年共投入钻探 15 480m,坑探 3200m,手掘 213m,取得的成果主要有:①查明东坡-月枚"断陷式"复式向斜北端昂起部位控矿床的分布;②发育的北北东向、北东向断裂是主要控矿构造;③上泥盆统佘田桥组泥质灰岩是东坡一带矽卡岩型钨矿最重要的容矿层位;④查明矿床有矿物 84 种,新发现铌、钽、铍等矿种和黑钨矿;⑤提出成矿主要与主体期花岗岩有关;⑥钨的回收率提高 20%~28%,实现由无开采价值到有开采价值的重大转变;⑦获得钨、钼、铋 3 种合格精矿,同时可回收萤石、硫等多种副矿品。1967 年,龚静夫等编制提交了《湖南郴县柿竹园钨、锡、钼、铋矿区详细勘查报告》。湖南省矿产储量委员会(简称"省储委")得出了"矿区地质和水文地质勘探程度较高,所圈定的储量级别是合适的,质量可靠。一致认为 408 队提交的钨锡钼铋矿床储量报告可以满足设计和生产要求,可作为矿山设计和建设的依据"。1981 年 9 月省储委复审,正式批准 WO_3 可供利用工业加远景储量 $62.49×10^4t$,钼 $11.2×10^4t$,铋 $23.2×10^4t$,同时该报告还提交伴生锡、萤石、铌、钽、铍、硫、铜等储量。

1979 年,柿竹园矿山在进行坑道开拓时,在 490 中段发现宽 50m 岩体型钨多金属新矿体,在 385 中段发现富厚的矽卡岩-云英岩型钨多金属新矿体。408 队上钻机验证,在 1980 年完工的 3 个钻孔中均见到富厚新矿体,其 WO_3 平均品位高出矿床总平均品位近一倍。1980 年 7 月 15 日,新华社播发了"湖南发现特大型多金属矿床"的消息,次日人民日报头版刊载了《湖南发现特大型多金属矿床》的新闻。消息传出使业界震惊,中外专家纷至沓来。

1980—1984 年,湖南省地质局共投入钻探 11 452m,圈出规模较大的云英岩型矿体(即Ⅳ矿带),正式建立矿床的"四层楼"概念。同时查明控制矿体的花岗岩接触带是呈略有起伏且有岩株穿插的单斜形,取得了新增主矿种钨、钼、铋储量 $12.2×10^4t$,新查定全矿区伴生银 1936t 等新成果。408 队与湖南省地质局实验室共同工作,查明矿物由 84 种增至 143 种。同时提出成矿不但与主体期花岗岩有关，也与补充期花岗岩有关等不少新认识。

1985年，艾上铮等提交了《湖南省郴县柿竹园钨、锡、钼、铋矿最终地质勘探报告》。1986年，省储委审查批准该报告作为矿山建设和基建的依据。批准可供利用的主矿种：WO_3储量$70.5×10^4t$，平均品位0.331%；钼储量$11.8×10^4t$，平均品位0.056%；铋储量$26.58×10^4t$，平均品位0.124%。同时批准共伴生锡储量$48×10^4t$，平均品位0.165%；氟化钙储量$4542×10^4t$，平均品位21.35%，以及铍、银、金、铜、硫、铌、钽等伴生储量。

2011年，湖南柿竹园有色金属有限责任公司承担的"湖南省郴州市东坡铅锌矿接替资源勘查"项目投入立钻14 084.77m、坑内水平钻748.70m、坑探4602.91m，新获333铅锌金属量$54.76×10^4t$，银金属量1506.96t，平均品位铅5.41%，锌3.53%，银$246.18×10^{-6}$；333+333$_{低}$钨多金属量$9.91×10^4t$，其中WO_3为$3.70×10^4t$，钼为$0.48×10^4t$，铋为$2.28×10^4t$，锡为$3.45×10^4t$，平均品位 WO_3为0.102%，钼为0.013%，铋为0.063%，锡为0.095%。经初步估算，新增资源量潜在经济价值在200亿元以上，为资源处于严重危机状态的国有东坡矿山稳定职工队伍、延长服务年限提供了资源保障。

柿竹园钨多金属矿，冶金部于1977年10月批准建设日采选3000t规模的矿山，1978年动工基建(《中国矿床发现史·湖南卷》编委会，1996)。2001—2010年是柿竹园历史上最辉煌的十年，其间不断加大技术改造力度，扩大生产能力，加大科研开发和创新力度，使企业进入了快速发展时期。经过多次改革，2009年12月中国五矿集团与湖南有色控股集团公司实施战略重组，柿竹园公司成为中国五矿湖南有色集团的成员企业。2017年公司资产总额32亿元，净资产13亿元，注册资本4.6亿元，现有员工2000人。公司土地面积有$15km^2$，采矿权面积$35km^2$。半个多世纪风雨历程，柿竹园公司由弱到强，从小到大，在不断改革中得到了快速发展，逐渐由资源优势向经济强势转变，成长为国内外瞩目的一家国有控股的大型采矿、选矿、冶炼和综合回收于一体的资源型企业。2003年12

月23日国务院新闻办发布的《中国矿产资源政策白皮书》,将柿竹园钨矿列为当代中国发现的13个重要矿床之一;2010年5月柿竹园国家矿山公园获得批准;2012年2月柿竹园矿山被国土资源部批准成为第一批被命名和建设的84个国土资源部野外科学观测研究基地之一。她像一颗璀璨的有色明珠镶嵌在湘南大地,熠熠生辉,光彩夺目。她以蕴藏143种矿物的特大型多金属矿床而举世无双,誉为"世界有色金属博物馆"当之无愧;她以探明的矿石储量 $3.9×10^8$t,其中钨金属量 $80.8×10^4$t、铋金属量 $33.09×10^4$t、钼金属量 $15.51×10^4$t、锡金属量 $49.05×10^4$t、铍金属量 $20.60×10^4$t、萤石矿石量 $7105×10^4$t,潜在经济价值2000多亿元而被专家们叹为观止。正是她的存在,为我国捧回了一个个令人骄傲的"世界第一",演绎着现代矿山的传奇。保有资源金属量钨 $60×10^4$t、钼 $10×10^4$t、铋 $25×10^4$t、萤石 $6600×10^4$t,其中伴生萤石和铋资源储量为世界第一,正因为柿竹园矿物品种多,资源储量丰富而闻名遐迩,享誉八方。

二、广东凡口铅锌矿床

1. 简介

凡口特大型铅锌矿位于广东省韶关市北东38km,仁化县西部约12km。矿床处于韶关-仁化构造盆地北缘的凡口倾伏向斜昂起部位。矿区褶皱和断裂均较发育,矿体主要分布在狮岭背斜东翼及金星岭背斜内。矿区地层以泥盆系最发育,石炭系次之,二叠系仅在东部铁石岭一带出露。矿化主要富集在泥盆系中、上统中。区内岩浆活动微弱,仅有少量辉绿岩及闪长岩脉侵入。

矿区由水草坪、铁石岭、富屋、凡口岭4个矿床组成,以水草坪矿床规模最大,占全矿区铅锌储量的90%以上。水草坪矿床包括狮岭、金星岭、庙背岭和园墩岭4个矿段,其中狮岭矿段矿体规模最大,金星岭次之,它们大部分为隐伏矿体。全区共有大小矿体190个,主要矿体30个。矿体具多层性,呈层状、似层状、透镜状、囊状、不规则脉状等,并由这些多层性矿体离合粘连、纵横交错,构成形态十分复杂的"瓜藤状"复合体。矿体一般长度数十米至300m不等,厚度一般30~50m,最厚可达百余米,延深10~200m。其中主矿体狮岭Sb6号,走向20°~353°,倾向北东或南西,倾角30°~60°,延伸长度536m,厚度15~40m,最厚58m,延深42~245m。金星岭Jb2号矿体走向近东西,倾向北,倾角42°~68°,延伸长度332m,一般厚度20~80m,最厚达232m,延深132~320m。总体上看,矿区矿体基本形态特征相似,主要表现为近断裂处矿体厚度巨大,远离断层则厚度明显变小或逐渐尖灭。同时,矿体还具有沿走向延伸大于倾向延伸的特点。

矿石矿物成分较简单,主要金属矿物有黄铁矿、闪锌矿和方铅矿,次要及微量金属矿物有黄铜矿、黝铅矿、车轮矿、毒砂、辉锑矿、硫锑铅矿、白铁矿、深红银矿、锡石和铜蓝等。脉石矿物主要有白云石、方解石、石英

等,次要的有菱铁矿、绿泥石、重晶石等。矿体具矿物分带现象:垂向上上部富集铅锌,下部富集黄铁矿;水平方向上,矿体中心富集铅锌,两侧为黄铁矿过渡到菱铁矿。

矿石主要成分平均品位:铅4.89%、锌9.12%、硫35.66%。伴生元素品位:银$108.99×10^{-6}$、汞$254×10^{-6}$、锗0.001%~0.002%、镉0.01%~0.03%、铊0.000 29%~0.0004%、硒0.01%~0.02%、碲0.004%~0.0045%、镓0.0029%~0.0113%。矿石主要有用组分有铅、锌、硫,伴生有益组分有金、银、汞、镓、锗等,根据组合分析,银、汞、锗、镓与主金属储量成正的消长关系,且含量较高。有害组分砷、氟的含量未超标。

主要矿石结构有晶粒结构、环带结构、草莓状结构、生物结构、溶蚀结构、交代溶蚀结构、交代残余结构、压碎结构、乳浊状结构等。矿石构造主要有块状构造、条带状构造、条纹状构造、浸染状构造、角砾状构造、生物残余构造等。

对于凡口铅锌矿的矿床成因还存在很大争议,主流观点包括喷流沉积型、沉积改造型、岩浆热液型、MVT型等。

▲ 块状铅锌矿
▼ 条带状铅锌矿

2. 发现史

凡口铅锌矿历史悠久,早在宋朝就在此开采炼银,炉渣遍及矿区,有银屑坪之称。清末年间有人在此炼过青矾,故得名凡口。

地质工作始于1955年3月,粤北行署工业处施工浅钻127m,获得硫铁矿储量 23.5×10^4 t,编有《仁化凡口硫铁矿普查报告》。

1956年,化工部343队开始凡口矿区的普查工作,并在金星岭南部和北部发现了矿体。南部矿体规模较大,走向近东西,地表控制长度250m以上,宽度一般10~20m,最宽50m,为粉状铅锌矿石。北部仅个别人力钻孔见矿。随后在已开采的庙背岭和矿化较好的金星岭开始进行控制性岩芯钻探,并在金星岭发现了厚大矿体。由此揭开了寻找金星岭盲矿体的序幕。至1957年基本上查明了金星岭的地质构造,大致控制矿体形状、产状和分布范围,对其远景做出了初步评价。获得硫铁矿储量 665×10^4 t,铅锌金属储量近 50×10^4 t。

1958年初,343队撤销,4分队改为广东省地质局凡口地质队,同年8月改为706队。到年底查明狮岭矿段矿体规模巨大,遂于1959年转入初步勘探。以100m×50m的钻探网度进行系统控制,获得铅锌金属储量达数百万吨。至此肯定了凡口矿区为一特大型铅锌矿床。

1960年初,722队并入706队。矿区进入详细勘探阶段,探求了一定数量的高级储量,进一步扩大了矿区规模。1962年4月编写了《广东仁化凡口铅锌矿最终储量计算总结报告书(初稿)》。

1963年底,提交了《凡口铅锌矿区水草坪矿床地质勘探中间性报告书》。报告经全国矿产储量委员会审查,批准金星岭北部资料作为矿山企业设计使用。1965年3月完成水草坪矿床勘探工作,提交了《凡口铅锌矿区水草坪矿床储量报告书》。1956—1965年1月共投入主要工作量:岩芯钻探96km,机械浅钻10km,人力浅钻19km,水文地质钻探3311m,抽水试验26个孔96次。提交探明铅锌储量达特大型规模,硫铁矿储量3000多万吨,并对镓、锗、镉、银等伴生元素亦分别计算了储量。省储委批准该报告可作为矿山开采设计的依据。

为评价矿床远景,706队在提交储量报告书后,又调来千米钻机施工了4个深孔,钻探总进尺3267m,在狮岭深部-300～-750m标高范围的天子岭下亚组和东岗岭上亚组地层中发现一组矿体,增加铅锌储量30多万吨,硫铁矿储量300多万吨,认为狮岭深部具有工业远景。1965年10月由黄慧玲编写了《广东仁化凡口铅锌矿区水草坪矿床狮岭深部钻孔和银屑坪物化探异常验证孔补充资料》。

1976年起,广东冶金地质勘探公司932队在706队工作的基础上,在凡口矿区深部及外围,以及铁石岭和石塘一带开展找矿评价工作,尤其是沿狮岭矿段的深部和南部,进行了进一步的控制和追索,发现了一些新矿体,储量有较大幅度增长,于1983—1987年对狮岭南区段转入了初步勘探。1985年6月提交了《广东省仁化县凡口铅锌矿区狮岭南区段矿产储量地质报告》。其后于1987年12月提交了《广东省仁化县凡口铅锌矿区狮岭南区段初步勘探地质报告》。报告认为狮岭南区的主要矿体规模较大,呈较缓的似层状,厚度较稳定和品位均匀、连续。共投入钻探工作量390km,增加铅锌储量100多万吨,硫铁矿储量700多万吨,有关伴生组分亦计算了相应的储量。至1992年底,932队在狮岭矿段新增铅锌储量400×10^4t。

1988年,广东省地质科学研究所

编写并提交了《凡口铅锌矿伴生汞储量报告》，计算块状铅锌矿中伴生汞储量3000多吨，省储委审查批准了报告提交的储量。

1991—1993年，矿山地测部门在狮岭204线至207线-320m标高以下区段勘探工作，完成工作量：机械岩芯钻探36 144.97m、坑内钻探硐室1663.20m³，于1993年12月提交了《广东省仁化县凡口铅锌矿区狮岭深部(204线至207线-320m标高以下)储量地质报告》。1994年广东省矿产储量委员会批准了以下C+D资源储量：黄铁铅锌矿石量12 282 139t，铅593 320t，锌974 128t，伴生黄铁矿和单一黄铁矿总矿石量14 244 027t，平均品位铅4.75%、锌8.10%、硫31.98%。伴生组分：银1313.14t、汞882.77t、镉378.827t、锗427.771t、铟3305.148t；平均品位：银90.40×10^{-6}、汞60.77×10^{-6}、镓0.002 608%、锗0.002 945%、铟0.022 754%(注：伴生元素资源量包含了706队提交的资源量)。

1996—1998年，932队在狮岭东矿带开展普查找矿工作，1998年12月提交了《广东省仁化县凡口铅锌矿区东矿带南段普查地质报告》。经广东有色地质勘查局批准，共探获D+E级黄铁铅锌矿石量3 322 700t，铅锌金属量421 100t。同时获得伴生黄铁矿石量2 267 700t，单独黄铁矿石量51 800t，并计算了伴生分散元素银268t、金0.25t、镉453t、镓23t、锗43t、铟5t。

2007—2010年，深圳市中金岭南有色金属股份有限公司承担"广

▲ 浸染状铅锌矿

▼ 角砾状铅锌矿

东省韶关市凡口铅锌矿接替资源勘查"项目。2011 年 5 月,广东省有色金属地质勘查局地质勘查研究院提交了《广东省韶关市凡口铅锌矿接替资源普查报告》,完成工作量:钻探 25 612.73m、坑探 1509.40m,探获 333 级资源量:①39 个黄铁铅锌矿体矿石量 3 379 817t,金属量:铅 205 028t、锌 341 312t、银 329t,平均品位:铅 6.07%、锌 10.10%、银 $97.36×10^{-6}$;②1 个含铜黄铁矿体金属量铜 2867t,铜品位 1.166%;③13 个单独黄铁矿体矿石量 736 523t,平均品位硫 24.23%;④40 个伴生黄铁矿体矿石量 2 877 989t,平均品位硫 15.11%。在黄铁铅锌矿中估算伴生组分资源量为:镓金属量 5.13t,平均品位 0.000 152%;锗金属量 6.52t,平均品位 0.000 193%;铟金属量 55.38t,平均品位 0.001 638%;镉金属量 957.18t,平均品位 0.028 32%;汞金属量 469.74t,平均品位 0.013 898%。其中:铅锌金属量 546 340t,达大型规模;银达中型规模,独立黄铁矿+伴生黄铁矿达中型规模。

近年来,凡口铅锌矿所属中金岭南公司在凡口矿外围相继开展找矿突破战略行动。2011 年 1 月至 2013 年 12 月,主要在凡口矿区外围狮岭东矿段开展详查工作,累计施工 95 个钻孔,总进尺 55 868m,新探获 332+333 级铅锌金属资源量 $62.15×10^4$t,提交的储量报告已通过中矿联资源储量评审中心评审。2014 年 1 月至 2015 年 12 月,在狮岭东矿段新增 332+333 级资源量 $20×10^4$t,铁石岭区段探获 332+333 级铅锌金属资源量 $5×10^4$t。2016 年 1 月至今,主要在董中、南湖区段开展普查、详查工作,在董中、南湖区段已探获 332+333 级铅锌金属资源量超 $100×10^4$t。该矿带沿走向、倾向均尚未控制,远景铅锌矿金属资源量可望达到 $200×10^4$t 以上。

凡口铅锌矿于 1958 年建矿,1968 年正式投产,矿山原设计规模为日处理铅锌矿石 3000t,年产铅锌金属量 $12×10^4$t。2002 年形成日处理铅锌矿石 4500t、年产 $15×10^4$t 铅锌金属量的生产能力。2009 年 $18×10^4$t 扩产技改后,形成日处理铅锌矿石 5500t、年产 $18×10^4$t 铅锌金属量的生产能力,成为我国铅锌最大的采选企业。目前,凡口铅锌矿隶属于深圳市中金岭南有色金属股份有限公司,矿山生产处于兴旺发展时期，经济效益好，为国家一级企业。矿山现有在岗员工 2773 人，其中本科以上学历 479 人。属国有股份制经济企业，为一集"采、选、冶"于一体的特大型矿山。

三、湖南宝山铜铅锌多金属矿床

1. 简介

湖南宝山铜铅锌多金属矿床位于我国有色金属之乡——湖南省郴州市桂阳县城西 2km，面积约 5km²。

矿区主要由中部铜钼矿、东部铅锌银矿、北部财神庙铅锌银矿和西部铅锌银矿组成。属以燕山早期隐伏花岗闪长斑岩为中心，依离岩体的近远，分别形成的矽卡岩型铜矿，矽卡岩型铜、钼、钨、铋矿，高中温热液型铜、铅、锌矿，中温热液铅、锌、银矿等的系列矿床（《中国矿床发现史·湖南卷》编委会，1996）。

该矿床处在南岭东西向构造带的中段北缘，耒阳-临武南北向构造带的南端，黄沙坪-宝山南北向复式向斜的北面。总体上受宝岭倒转背斜控制，其中铜、钼、钨、铋综合矿体分布在倒转背斜顶部，钼、钨、铋矿

▲ 铅锌矿

体在靠近顶部的两翼，铜矿体在倒转背斜上部矽卡岩中，铅、锌矿体分布在两翼灰岩中。矿区断裂构造十分发育，其中北西向断裂被认为是导矿构造，北北西向断裂为容矿构造。赋矿地层主要为下石炭统石磴子组灰岩、梓门桥组白云岩。区内岩浆岩十分发育，多呈岩墙、岩脉，深部呈小岩株状产出，且成群成带分布。岩体在地表出露为花岗斑岩，深部则为花岗闪长斑岩。

围岩蚀变广泛而强烈,岩体内部或靠近岩体的接触带蚀变较强,以矽卡岩化为主,往外蚀变较弱,以硅化、碳酸盐化、重结晶为多。主要蚀变种类有矽卡岩化、大理岩化、重结晶、钾长石化、绿帘石化、绿泥石化、硅化、碳酸盐化等。

矿体多呈脉状、似层状、囊状、透镜状、楔状产出。矿石构造中部铜钼矿呈细脉浸染状、角砾状构造,东部、西部和北部铅锌银矿则以块状为主。

铜钼矿石中的主要有用元素为Cu、Mo,伴生有益组分为WO_3、Bi、Au、Ag、S。铅锌矿石中的主要有用组分为Pb、Zn、Ag,伴生有益组分为S、Au、Cd。

2. 发现史

宝山俗称宝岭,古称"大凑山",原地名叫子龙,是《三国演义》里赵云计取桂阳郡屯兵的地方,也是我国四大发明之造纸术发明者蔡伦的出生地。宝山铜矿等矿产最早发现的年代尚需考究,采矿历史最早可追溯至汉代,大规模的官方开采则始自唐代。宝山首先开采的是铁矿,后才开采银、铜、铅。据调查考证,宝山地下巷道内已发现汉、唐、宋、清等时代采矿遗址和遗物5处。

地质工作始于1932年,湖南地质调查所刘基磐等进入矿区,开展了初步的矿产地质调查。

1954—1956年中南地质局425、436、401、物探、408队等单位进入矿区开展地质和物化探普查,除看到遍布的老窿、炉渣外,地表很难找到尚存矿体。

1956年10月—1960年2月,冶金部217队进入矿区工作。起初确定铅锌为主攻矿种,没有达到目的,后重新确定以找矽卡岩型钨钼矿为主攻方向,圈出了10万多平方米的含矿矽卡岩体。新组建的236队以该矽卡岩为找矿对象,施工钻探13 457m,坑探1773m。除基本查明矽卡岩型钨、钼、铋矿的规模外,还新发现矽卡岩型铜矿体和一些热液充填型铅锌矿脉。1960年2月,提交了《桂阳宝山钨、钼、铜、铋地质勘探储量总结报告》。该报告指出:零线以西,大多未探到零点边界,且矿体厚度仍很大,矿床还有远景,外围也有新发现铅锌矿体的可能。

1964—1966年,238队以"会战"

形式开展以铜矿为主的补充勘探工作。投入钻探21 535m,水平钻866m,坑探2721m等,提交了《桂阳宝山储量补充报告》,经省储委审查批准的储量：可供利用工业加远景铜7.9×10^4t,平均品位1.42%；钼1.5×10^4t,平均品位0.137%。可作为矿山建设设计依据。

1966—1970年,继续在矽卡岩型钨钼矿体两翼探边摸底,同时根据水平分带规律,寻找铅锌矿。共施工40多个钻孔,进尺15 671m,新增的铜、铅锌储量均属小型规模。

1973年,238队开展坪宝地区成矿规律研究,提出宝山矿床受倒转背斜加F逆掩断层及花岗闪长斑岩三位一体控矿的见解,并推断宝岭背斜西段是铜、钼矿体赋存的有利场所。1974年完工的两个钻孔见铜、钼、铅锌矿体和花岗闪长斑岩。按当时大队技术负责人陈鼎恺"F_0西段并不属正断层,而是和东段一样,是断距更大的逆断层"的思路,在深部梓门桥、测水、石磴子组见到总厚49.6m的厚大富铅锌矿,从此,宝山西部成为找铅锌矿瞩目之地。1977年,王吾堤等经深入研究,提出按200m线距系统控制,在西部1000m长范围内部署钻探工程。1979年开始钻探施工,第二个孔就在预测的背斜中见到铅锌矿体和隐伏岩体,在浅部梓门桥组黑色白云岩中获得重大发现,见到一段含铅、锌矿化破碎带（后定为F_{21}号断层）和下盘梓门桥组白云岩中见有角砾状、细脉状和浸染状铅锌矿化。圈定出铅锌矿15层,总厚113.83m,铅锌平均品位6.29%的厚大矿体。经构造分析,却属倒转向斜,容矿层位也与前以梓门桥组灰岩为主的截然不同。根据这一重大发现,调整了原设计,主要目标是对这一新成矿领域进行探索,均获得预期效果。1980—1986年,共投入钻探33 521m,取得了探获远景铅锌金属储量101.79×10^4t,银1401t的重大成果,开辟了坪宝地区在特定向斜构造的梓门桥组白云岩中寻找隐伏铅锌矿的新门路（《中国矿床发现史·湖南卷》编委会,1996）。

1985—1990年,刘干宏等通过综合分析,提出主要沿着F_{25}、F_{27},采用200m×400m的网度布置普查钻孔,见矿效果良好。至1990年,共施工钻探41 479m,探获铅金属量217 337t,锌

248 466t,银 436.51t,金 4.79t,并提交了《湖南省桂阳县财神庙铅锌银矿详查地质报告》。

1987—1993 年,湖南桂阳宝山西部铅锌银矿床探采结合工程投入坑探 4194m、水平钻 697m,控制铅锌主矿体 3 个,查明 C+D 级铅锌矿石量 117×10⁴t,其中金属量铅 68 294t、锌 66 638t。

1994—1997 年,湖南宝山铅锌银矿北部矿床技改探采结合工程投入坑探 5438m、水平钻 11 364m,获 C+D 级矿石量 159×10⁴t。

1998—2003 年,湖南宝山铅锌银矿年度生产地质探矿投入坑探 11 812m、水平钻 53 144m。查明矿石量:单铜 111b 27.99×10⁴t、122b 22.5×10⁴t;铅锌 111b 35.9×10⁴t、122b 38.6×10⁴t。

2006—2010 年,湖南宝山有色金属矿业有限责任公司承担的"湖南省桂阳县宝山铅锌银矿接替资源勘查"项目投入钻探 20 368.32m,坑探 5157.6 m。在宝山矿区西部深部共探获主要矿体 63 个,其中铅锌银矿体 26 个,铜钼矿体 37 个。探获 333 类型资源量(金属量):铅锌 81.6×10⁴t(铅 38.7×10⁴t,锌 42.9×10⁴t)、银 827t、铜 9.7×10⁴t、钼 2402t,伴生金 14.22t、硫 259.4×10⁴t、镉 3160t。显示了矿区深部巨大的找矿前景,有效地缓解了矿山资源危机,可延长矿山服务年限约 60 年(按目前生产能力),稳定职工队伍 2000 余人,提供就业岗位 2000 个,潜在经济价值约 233 亿元,具有良好的经济和社会效益。同时对于整个坪宝矿田乃至南岭地区的深部找矿具有深远的指导意义。

2018 年矿山自筹资金,在宝山矿区北部取得重大找矿突破,发现厚达 35m 的块状铅锌矿体,结合宝山西部实施的接替资源勘查项目成果,显示宝山地区深部找矿潜力巨大,为矿山发展提供了资源保障,矿山极具可持续发展潜力。

湖南省桂阳县宝山铅锌银矿于 1966 年建矿,原名宝山铜矿。1995 年,露天开采的铜钼矿床因采矿深度加大而闭坑转入地下开采,并同时开采铅锌银矿体和铜矿体,随后改名为湖南宝山铅锌银矿。2007 年实施国家政策性破产,改制重组成立宝山有色金属矿业有限责任公司(简称宝山有色矿业),属大Ⅱ型国有控股企业,也是国家级绿色矿山、国家矿产资源节约与综合利用示范矿山、高新技术产业。2011年4月,与湖南金鑫黄金集团合作进行了资产重组,双方各占50%的股份。宝山有色矿业秉承科学发展的理念,以调结构、促转型、增效益为目的,充分依托资源优势,发展多元经济,以"铅锌提质扩能、宝山铜项目、工矿旅游、尾矿综合回收、矿山机加工"五大发展板块为重点开发战略项目,再创矿山辉煌。其中,宝山工矿旅游是以工矿文化体验为主题,以井下古代中国矿冶历史、现代采掘流程观光和互动休闲娱乐为主要内容的时尚特色旅游项目。2010年5月升级为"国家矿山公园",并且也是国土资源科普基地。这有力地促进有效保护、合理开发和持续利用矿业遗迹资源,展示矿业发展历史内涵,促进桂阳地方旅游经济发展。

▼隋唐采矿工艺遗迹

▲ 宝山露天采矿区

四、江西西华山钨矿床

1. 简介

西华山钨矿位于赣、粤两省交界的大余岭北部、大余县城西北9km，矿区面积约6.81km²。作为中国境内最先发现、首次开采的钨矿，为中国革命和中华人民共和国经济发展做出了突出贡献。矿区地处西华山—塘下近南北向复式褶皱的南端。区内地层为寒武系浅变质的硅铝质岩。燕山早期西华山复式花岗岩体侵位于复式褶皱的南端，出露面积约20km²。西华山钨矿床位于该岩体的西南部，岩体东部有牛孜石、下罗山钨矿，北部有荡坪钨铍矿，西部有生龙口、罗坑钨矿，是钨矿分布密集区之一。

西华山钨矿为石英脉黑钨矿型矿床，矿脉主要产于中粒黑云母花岗岩及斑状中粒黑云母花岗岩内，当矿脉延至变质岩时则迅速变小或尖灭，仅个别可伸入变质岩十几米至几十米。含钨石英脉呈近东西走向，成群、成组分布，已发现大小矿脉600多条。依据矿脉排列格局和地理位置，可划分为北组、中组和南组3个脉组。矿脉形态较为复杂，总体呈薄板状或长扁透镜体状，局部膨大、狭缩，分支复合，尖灭侧现，羽状分支较为常见。矿脉平面排列有平行式、交叉式、菱形网格式、侧羽式、单向分支式、侧幕式和尖灭再现式等。矿脉长度一般为200～600m，最长达1075m；脉幅多数为0.20～0.60m。最大为北区299号脉，长1075m，平均脉厚0.94m，最厚地段3.6m；工业矿化延深一般为60～200m，最大延深350m。矿脉产状有北东东向、东西向和北西西向，总体向北倾，倾角较陡。北区矿脉一般规模较大、厚度变化小；中区东段矿脉短小、矿化深度最浅，中区西段矿脉延伸较稳定，但其长度、矿化深度不大；南区矿脉厚度一般较小、延伸较长、矿化深度较大。

该矿床已发现矿物49种，主要矿石矿物为黑钨矿，伴生矿物有辉铋矿、辉钼矿、白钨矿、锡石、黄铜矿、稀土矿物、铌钽矿物等，次要矿物有黄铁矿、磁黄铁矿、绿柱石、斑铜矿、闪锌矿、毒砂、日光榴石、萤石等。脉石矿物主要为石英，次有长石、云母。

西华山钨矿床WO_3平均品位为1.086%，伴生组分有钼，平均品位达0.021%，铋含量较低，平均品位为0.012%，可综合回收。

矿石结构主要有结晶结构、固溶

▲ 西华山含钨石英脉

体分离结构、交代熔蚀结构等。矿石构造主要为块状构造、条带状构造、晶洞构造、复脉构造,次为角砾构造。

矿脉围岩蚀变以硅化、云英岩化、钾长石化为主,其次有绢云母化、电气石化、钠长石化、黄玉化、绿泥石化、黄铁矿化、伊利石化、萤石化等,与钨矿化密切的蚀变是云英岩化。

矿石可选性能良好,重力选矿可获得含 WO_3 为 62%~63%的精矿,回收率 84.50%~85%,钼铋等矿都可用原矿浮选方法回收(《中国矿床发现史·江西卷》编委会,1996)。

西华山钨矿发现于 1907 年。它的发现,开创了我国钨矿找矿、开采的历史,吸引了我国乃至全球地质工作者纷纷来此进行考察研究,发表了大量的学术专著和论文,形成了一套典型的花岗岩内接触带石英脉型钨矿床成矿找矿理论,并作为世界著名的钨矿床示例载入了教科书,其理论意义极其深远。

▲全国首次发现的黑钨矿(西华山钨矿)

2. 发现史

据《大余县志》记载,西华山矿区早在宋代就有采锡者。当时,虽然黑石到处可见,但不知道其是钨矿石。清光绪末叶(约 1906 年)盛夏,大余县城天主教福音堂德籍牧师邬利亨,在徒步观赏了构筑精巧的庆云寺、饱览了景色宜人的自然风光后,发现所到之处,皆是乌黑发亮的石头,邬利亨甚感奇怪,拣了一块一掂,感觉很重,便意识到这是一种贵重矿石,于是又拣了几块带回教堂。光绪三十三年(1907 年)邬利亨携石回国,经化验鉴定,发现此矿石含有稀有金属——钨。

西华山钨矿地质调查始于 1929

年。中华人民共和国成立前较系统的地质调查有3次：第一次是1929年1月，江西地质矿业调查所燕春台和查宗禄在西华山矿区测制了1∶2万地质略图，著有《赣南地质矿产调查报告》。第二次也是江西地质矿业调查所于1935年9月委派周道隆、上官俊为组长，率领测探队前往赣南分头调查各钨矿区，由周道隆主编了《赣南钨矿志》一册，并附有地质图。第三次为1938年，经济部中央地质调查所徐克勤、丁毅等历时9个月，对西华山矿床进行了深入的调查研究，绘制了西华山钨矿1∶1地质图3.5km²；对岩体的分异及成矿划分为4个期次；将矿床由南往北划分为5个区，预测黑钨矿藏量22.80×10⁴t，编著了《江西南部钨矿地质志》。1938年王嘉荫等着重研究了矿床的深度、成因和构造，编写了《赣南钨矿深度研究报告》，认为钨矿最富集的地带均在接触面下60~80m内。此外，孙殿卿等对西华山进行过地质考察，著有《赣南钨矿构造关系初步观察》一文。

1953—1956年，重工业部地质局长沙勘探公司201队对西华山钨矿进行了系统地质勘探工作。其间，在苏联专家米涅耶夫指导下用80m×80m和80m×50m两种网度，以坑探为主结合钻探及民窿调查、地表揭露等方法和手段，共完成坑探19km，钻探30.6km，以及大量的废石清理、老窿调查和槽探工程。1956年6月编写提交了《西华山钨矿地质勘探总结报告书》，同年，报告由全国储量委员会审查批准（《中国矿床发现史·江西卷》编委会，1996）。该报告为西华山钨矿的建设设计提供了基础资料，对西华山花岗岩株、矿床地质特征等进行了较详细的描述和总结，为脉状矿床的评价勘探工作提供了宝贵经验，为后续的补充地质勘探和深入研究奠定了良好的基础。

1962—1967年，江西有色冶金地质勘探公司614队进行了补充勘探。面积1.4 km²，投入坑探8098m，钻探12.4km。通过对矿脉赋存规律研究，指出今后矿山地质勘查工作的重点地区为西部变质岩覆盖区和北区斑状中粒花岗岩覆盖地区；根据狗头山—虎头垭、芭蕉潭—石壁河一带的找矿评价工作，提出西部隐伏花岗岩在海拔100m以下。补充勘探增加了矿区矿化面积0.68km²，新增工业矿脉

172条。提交了《江西省大余县西华山钨矿区补充地质勘探总结报告书》,经江西省矿产储量委员会审查批准新增:C1级矿石量 $31.31×10^4t$、WO_3金属量3766t,D级矿石量 $19.06×10^4t$、WO_3金属量2051t;预测远景矿石量 $72.76×10^4t$、WO_3金属量6018t。

1968年5月—1970年12月,对矿区稀土元素等矿产开展了综合查定工作。大致查明了稀土矿的赋存特征,提交了《江西省大余县西华山594中段以下稀土地质工作报告》,计算215中段以上花岗岩 TR_2O_3 金属量2863t,为矿山综合利用资源提供了依据。

1976年—1988年,由上级拨款补助矿山生产探矿,矿山自己组成小型勘探队,对矿区边部及区内空白地段进行了地质探矿工作,提交了《西华山钨矿西边部地质勘查工作报告》,起到了探边摸底、拾漏查空找盲的作用,升级及新增 WO_3 资源量65 179t。

截至1990年,西华山矿区累计探明可供利用的储量三氧化钨 $8.13×10^4t$,稀土氧化物6724t(《中国矿床发现史·江西卷》编委会,1996)。

2009年江西西华山钨业有限公司完成的"江西省大余县西华山钨矿接替资源勘查"项目投入地表钻探19 234.82m,新增资源储量(333)矿石量 $24.2×10^4t$,金属量 WO_3 3000.96t、钼382.24t。新增黑钨矿潜在价值约人民币4亿元,可延长矿山服务年限3年。

经过百年开采,西华山钨矿区矿

▼西华山钨矿矿山环境综合治理

产资源趋于枯竭，但作为中国重要的钨矿生产基地，拥有一个多世纪的开采历史，留下了体系完整、类型丰富的矿业遗迹。这些矿业遗迹具有丰富的历史文化内涵，是不可再生的宝贵资源，它们和周围的自然、人文环境融合在一起，构成了西华山钨矿特有的钨矿历史景观和人文自然景观。2017年，西华山钨矿入选工业和信息化部公示的第一批11个国家工业遗产名单之一，同年获批建设国家矿山公园资格，将以"钨矿采选文化""钨都生活文化"和"乡土民俗文化"为主线，串联钨矿地质，钨矿采、选、冶到加工的钨矿采选历史文化，全方位、多角度、立体化向人们揭秘钨矿的生产全过程。西华山钨矿为推进矿区转型迈出了第一步，目前各种矿山环境恢复治理工程正在紧锣密鼓地实施中。这将有力地促进当地有效保护、合理开发和持续利用矿业遗迹资源，展示矿业发展历史内涵，促进地方旅游经济发展。褪去百余年的历史厚重，西华山必将焕发新的光彩。

五、广西珊瑚钨锡矿床

1. 简介

广西珊瑚钨锡矿床地处广西钟山县珊瑚镇境内，距钟山县城约30km。矿床位于富贺钟（富川-贺州-钟山）钨锡多金属成矿集中区的中部。区域构造上位于回龙向斜南部、将军岭背斜东部和公会向斜北端，处于主要构造线的收敛聚集地带。断裂构造以北北东向为主，北西向、北东向次之。石灰山断裂（F_1）和笔架山断裂（F_3）是两大控矿断裂。泥盆系为本区原生锡矿赋矿地层，河谷或低洼地带第四系冲积砂质黏土和砾石层为锡砂矿产出的层位。在长营岭和松宫的深部存在隐伏花岗岩体，地表出露的侵入岩为盐田岭花岗岩岩株，面积约$0.14km^2$，形成时代为106Ma（余勇等，2014），与珊瑚钨锡矿床形成年龄106～102 Ma（卢友月等，2016）一致，表明二者之间存在密切成因联系。

矿区主要矿床类型有4种：钨锡

石英脉型、钨锑萤石石英脉型、含钨石英角砾脉型和似层状锡多金属硫化物型,其中钨锡石英脉型最具工业意义。中区以长营岭隐伏花岗岩为中心,自西向东,自深部到浅部形成了由钨锡石英脉型–钨锑萤石石英脉型–含钨石英角砾脉型的单侧水平分带和垂直分带,构成了一个以钨锡为主的成矿系列。西区以产于盐田岭花岗岩外接触带的似层状锡多金属硫化物矿床为主,外部亦产出钨锑萤石石英脉型、含钨石英角砾脉型矿床(宋慈安,2001)。

矿脉主要充填于走向北东、倾向南东和北西的剪切裂隙中,矿带延长2500m,宽600~1000m,延深达900m以上。共有矿脉740余条,其中工业矿脉200多条。Ⅱ、Ⅲ、Ⅵ三个脉组工业矿脉占矿床矿脉总数的99%,脉幅一般0.1~0.8m,最大6.14m,平均0.65m,属大型脉,平均品位1.83%(WO_3为1.365%,Sn为0.465%)。此外,还伴生有一定数量的Cu、Zn、As和稀散元素Cd,贵重金属Au、Ag。矿体总体形态较为规则和稳定,厚度变化系数20%~80%,但矿脉局部形态

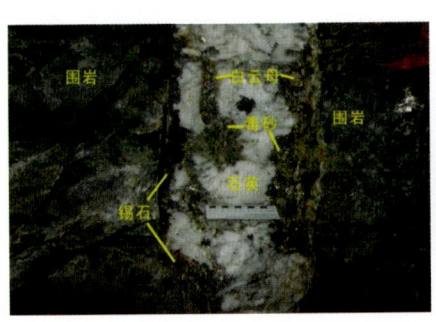

▲石英脉型钨锡矿矿石

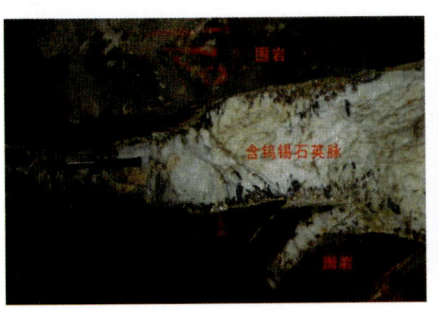

▼含钨锡石英脉分支复合

变化较大，分支复合、弯曲扭折、膨大缩小、尖灭侧现等现象屡见不鲜。在垂直方向上，矿脉上部脉幅较小，分支复合频繁，形态较为复杂，向下矿脉厚度变大且较为稳定，形态也较为简单。矿脉形态主要有简单脉状、折线状、菱形网格状、雁行状、侧羽状等。矿床在水平方向上和垂直方向上均有明显的分带现象。在平面上，自矿床中心向外，由石英大脉、薄脉带渐次过渡为云母石英细脉带。剖面上，自地表往下依次为云母细（线）脉带、云母萤石石英细脉带、石英大脉带（和无矿的石英厚脉带）。其中石英大脉、薄脉带构成主要工业矿体。

矿石结构主要为结晶结构、交代结构，次为固溶体分离结构、压碎结构；矿石构造主要为条带状构造、角砾状构造、晶洞构造、梳状构造，次为浸染状构造、块状构造等。围岩蚀变主要有萤石化、白云母-绢云母化、电气石化、绿泥石化、毒砂化、硅化、黄铁矿化、碳酸盐化等。

2. 发现史

珊瑚地区古代的采锡历史无从考证，而找矿勘探工作最早的资料见于1941年广西省政府建设厅编辑的《广西省矿产地质查探报告书汇集》中辑录的陈家天和杨志成两篇地质调查报告。该报告认为珊瑚锡砂矿分布在猪鼻冲和桂洞冲之间；钨锡脉矿分布于八步岭、杠椅岭、董家岭、旗岭和天炉岭一带，有矿脉30余条。

1943年，资源委员会锡业管理处勘查了珊瑚矿区，提交有报告书，认为砂锡矿为含锡矿脉形成的残留矿床，钨矿还有原生矿脉夹生于砂岩中。长营岭至董家岭发现5条钨矿脉，其脉带长约1200m，旗岭至龙门冲一带脉带长约1500m；八步岭一带发现4条钨矿脉，延伸至杠椅岭脉带长约1000m，并估算了储量，其中钨约4355t，砂锡约3000t，还认为在长营岭地下深部可能有花岗岩存在。

1946年，经济部资源委员会第三区特种矿产管理处调查了珊瑚杉木冲锑矿，发现露头1处，矿脉1条，其长20m，宽0.7m，认为属低温热液充填矿床。

1955年和1957年，204队先后两次开展过矿点踏勘检查，估算钨锡储量数百吨，认为工业意义不大而下马。1958年，开始对深部进行评价。

1961年初采用以钻探为主少量坑探配合进行勘探,由于对矿床的复杂性认识不足,仅计算远景储量10 000多吨,该队又一次撤出。

1961年继续对该矿床深部进行评价,仍然采用坑探结合钻探的手段施工,结果显示坑探工程采样含量普遍高于钻探工程,从而肯定了矿床的工业价值。经过反复研究,查明含矿带长2500m,宽600~1000m,深900m以上。工业矿体300余条,主要矿石矿物为黑钨矿、锡石、白钨矿、黄铜矿、闪锌矿、毒砂、黄铁矿等。矿石含WO_3为1.144%~2.15%,并共生锡,伴生铜、锌。1968年,该队提交了《广西珊瑚钨锡矿储量总结报告书》,探明长营岭WO_3储量83 006t,其中工业储量43 550t;锡金属29 155t,工业储量17 910t;伴生铜11 958t,锌244 491t、镉916t(《中国矿床发现史·广西卷》编委会,1996)。

另外,矿山1965—1978年底进行了生产勘探,投入坑探22 037m、岩芯钻探3176m、水平钻1393m,新增工业B级储量WO_3 744t。

1978—1980年,204队对长营岭钨锡石英脉矿床、盐田岭锡石硫化物矿床进行了深部评价工作。1980年底提交了《广西钟山县珊瑚盐田岭锡矿床普查评价地质报告》,获远景储量:锡406t,WO_3约77t。

此外,20世纪80年代以前,204队、275队、425队和珊瑚矿等单位对珊瑚矿田内的杉木冲锑矿床(点)和八步岭、大冲山及九华一带的含钨角砾脉矿床(点),也先后进行了普查评价。

2011年,广西桂华成有限责任公司承担的"广西钟山县珊瑚钨锡矿接替资源勘查"项目,投入钻探11 902m、坑探1523m。探获(333)资源量:矿石量715.72×10^4t,WO_3 10.84×10^4t,平均品位1.514%;锡2.61×10^4t,平均品位0.365%;伴生金属量:铜1.01×10^4t,平均品位0.173%;锌0.92×10^4t,平均品位0.845%;银130.20t,平均品位18.27×10^{-6}。可供年采33×10^4t矿石规模的矿山生产28年,新增资源量潜在价值共计129亿元人民币,稳定安置就业人数1500人,具有非常大的社会和经济效益。

20世纪80年代以后,先后有多家科研单位、高等院校在珊瑚矿区开展过以找矿预测为主要目标的科研工作。

1937年起先后成立7个公司,后合并成珊瑚矿业联合股份有限公司,收购钨锡精矿,平均年产量250t左右。1941年下半年开始进行半机械化生产,1944年因日军入侵而停采。1946年恢复生产至1948年5月。中华人民共和国成立后,1950年5月军管小组进驻公司组成临时董事会。1951年7月1日,平桂矿务局正式接管,成立"平桂矿务局第二锡矿"。1952—1960年,是开采露天砂锡矿最兴旺的时期。1965年建成长营岭脉状矿采选厂,1976年进行大规模基建,1981年正式投产(《中国矿床发现史·广西卷》编委会,1996)。1993年因受钨精矿市场影响主采区暂停生产后,仅在矿区浅部小规模开采,累计采选矿石量285×10^4t。2006年矿山启动恢复开采工程设计和现有珊瑚矿选矿厂的重新设计工作,设计生产规模为33×10^4t/a,2009年5月正式生产。2012年开始,珊瑚钨锡矿隶属于中国有色集团(广西)平桂飞碟股份有限公司的全资子公司——广西桂华成有限责任公司。现有职工1235人,固定资产价值26 587万元,主要包括采矿、选矿工程及相配套的生产、公用辅助设施和环境保护、安全以及生活福利等设施。

主要参考文献

陈毓川, 裴荣富, 张宏良, 等. 南岭地区与中生代花岗岩有关的稀有金属矿床成矿作用[M].北京: 地质出版社, 1989.

地矿部南岭项目花岗岩专题组. 南岭花岗岩地质及其成因和成矿作用[M]. 北京: 地质出版社, 1989.

郭春丽, 袁顺达, 吴胜华, 等. 湖南柿竹园钨锡钼铋多金属矿及邻区地质[M]. 北京: 地质出版社, 2015.

李四光. 南岭何在[J]. 地质论评, 1942(6):253-266.

莫柱荪, 叶伯丹, 潘维祖, 等. 南岭花岗岩地质学 [M]. 北京: 地质出版社, 1980.

宋慈安. 珊瑚钨锡矿床[M]. 北京: 北京工业大学出版社, 2001.

王登红, 陈富文, 张永忠,等. 南岭有色-贵金属成矿潜力及综合探测技术研究[M]. 北京: 地质出版社, 2010.

付建明, 徐德明, 杨晓君, 等. 南岭锡矿[M]. 武汉: 中国地质大学出版社, 2011.

付建明, 卢友月, 牛志军, 等. 中国重要成矿区带成矿特征、资源潜力和选区部署——南岭成矿带[M]. 北京:中国原子能出版社,2017.

《中国矿床发现史·江西卷》编委会. 中国矿床发现史(江西卷)[M]. 北京: 地质出版社,1996.

《中国矿床发现史·广东卷》编委会. 中国矿床发现史(广东卷)[M]. 北京: 地质出版社,1996.

《中国矿床发现史·湖南卷》编委会. 中国矿床发现史（湖南卷）[M]. 北京: 地质出版社, 1996.

《中国矿床发现史·广西卷》编委会. 中国矿床发现史（广西卷）[M]. 北京: 地质出版社, 1996.

http://www.ooopic.com

https://www.tooopen.com

http://image.baidu.com

https://new.qq.com/ch/photo

http://photo.sina.com.cn

http://blog.sina.com.cn

http://blog.163.com

https://weibo.com

http://t.sohu.com

http://t.qq.com

http://www.forestry.gov.cn

http://www.dili360.com

http://www.mafengwo.cn

http://www.oborr.com

www.nipic.com

www.huitu.com